数学30講シリーズ 6 ― 志賀浩二 [著]

新装改版
複素数30講

朝倉書店

は　し　が　き

　実数の体系は，実は無限概念の上に立った，ほとんど見通しのきかないものといってよいほど，複雑な数学的対象であるが，この実数が比較的自然なものとして誰にでも受け入れられるのは，数直線上の点として表現されていることによっているからだろう．そのほかにも，時空の1つの直観形式として，実数の連続性がいつしか私たちの意識の中に育てられてきたという理由もあるかもしれない．それに反し，複素数は，ガウス平面への表示を認めても，なおどこか実数のように素直にはなじめない感じが残ってしまうのは，なぜだろうか．このことは，この『複素数30講』を執筆するにあたって，最初に私の中に湧いた疑問であって，この疑問が，そのまま動機となって，本書執筆の構想がしだいに湧いてきたのである．

　確かに，ガウス平面の提示は，ガウスが述べたように複素数から形而上学的なものを取り除くことには役立ったかもしれないが，それでもなお，実数を表わす数直線と，複素数を表わすガウス平面を，同じ意識の水準におくということには至らなかったようである．

　しかし，複素数は，数学の中では実数と同じ，あるいは場合によっては，実数より重要な役割を果たす数の体系である．理由は定かではないとしても，量子力学の記述の中には，複素数が登場してくる．複素数には，やはり親しみをもってもらった方がよいだろう．

　私の本書執筆の中心課題は，複素数の中から，どのようにしたら‘虚’なる感じを取り除けるかにかかっていた．私は，ガウス平面の表示に，実軸，虚軸をあまり強調しすぎるのは，適当でないかもしれないと考えてみた．この点を強調すると，複素数は‘既存の’実数の対にすぎないという観点が強まってしまうだろう．実数の場合には，まず直線の存在を認めて，そこに目盛りを入れ，座標を導入して，数直線を完成させた．同じように，複素数でも，まず平面があって，そ

こに複素数が表示される——複素数は平面の数である——という立場をとった方が鮮明となるのではなかろうか．

　本書の基調は，全体としては，'平面の数'としての複素数の姿を明らかにすることにある．複素数上の関数を取り扱う関数論は，いまでは見事に整備され，殊にその導入部分は一種の形式美を伴う理論となっているが，その形式の奥にある簡明な姿はなかなかつかみ難いのである．直線のもつ様相が関数概念へと働いて微積分をつくったように，平面のもつ様相が，微分を通して関数へ働くと，そこに関数論の世界が展開する．

　複素数は，平面の回転や相似写像と密接に結びついており微分可能な関数——正則関数——は，このような複素数の幾何学的な働きの中に，ある平均的な挙動と微細な内在的性質との関連を示してくる．ここにみえる複素数の世界は，ただ単にイデヤの世界に漂っているわけではなく，確かに現実の相の1つを表現しているのである．

　終りに，本書の出版に際し，いろいろとお世話になった朝倉書店の方々に，心からお礼申し上げます．

　　1989 年 2 月

著　　　　者

目　　次

第 1 講　負数と虚数の誕生まで ………………………………………………………　1

第 2 講　向きを変えることと回転 …………………………………………………　7

第 3 講　複 素 数 の 定 義 ……………………………………………………………　14

第 4 講　複 素 平 面 ………………………………………………………………………　20

第 5 講　複 素 数 の 乗 法 ……………………………………………………………　27

第 6 講　複素数と図形 ……………………………………………………………………　35

第 7 講　単位円周上の複素数 …………………………………………………………　42

第 8 講　1 次 関 数 ………………………………………………………………………　48

第 9 講　リーマン球面 ……………………………………………………………………　57

第10 講　円々対応の原理 ………………………………………………………………　64

第11 講　代数学の基本定理 …………………………………………………………　72

第12 講　複素平面上の領域で定義された関数 ………………………………　80

第13 講　複素関数の微分 ………………………………………………………………　87

第14 講　正則関数と等角性 …………………………………………………………　95

第15 講　正則な関数と正則でない関数 …………………………………………103

第16 講　ベキ級数の基本的な性質 ………………………………………………109

第17 講　ベキ級数と正則関数 ………………………………………………………116

第18 講　指 数 関 数 ………………………………………………………………………122

第19 講　積　　　　分 ……………………………………………………………………131

第20 講　複素積分の性質 ………………………………………………………………138

第 21 講　複素積分と正則性 ·· 145

第 22 講　コーシーの積分定理の証明 ··································· 152

第 23 講　正則関数の積分表示 ·· 160

第 24 講　テイラー展開 ··· 167

第 25 講　最大値の原理 ··· 175

第 26 講　一致の定理 ··· 182

第 27 講　孤立特異点 ··· 190

第 28 講　極と真性特異点 ··· 197

第 29 講　留　　　数 ··· 205

第 30 講　複素数再考 ··· 212

索　　　引 ··· 219

第 **1** 講

負数と虚数の誕生まで

―― テーマ ――――――――――――――――――――――――

◆ 虚数との最初の出会い――2 次方程式の虚解
◆ 数学史から
◆ 負数の誕生過程
◆ 負数が確定した概念として一般化したのは 17 世紀である.
◆ 虚数と 3 次方程式の出会い――16 世紀イタリア学派

虚数との出会い

複素数は虚数単位 i,

$$i^2 = -1$$

によって, $a+bi$ $(a, b$ は実数$)$ と表わされる数である. たとえば, $2+3i$ とか $5-4i$ は複素数である. この複素数についての説明は, 以下でおいおいするから, ここでは前奏曲のようなつもりで軽く読んでいただきたい.

複素数に最初に出会うのは, 2 次方程式

$$ax^2 + bx + c = 0 \quad (a \neq 0)$$

を解くときである. たとえば

$$x^2 + x + 5 = 0$$

は判別式が $D = 1 - 20 = -19 < 0$ となって, 虚の解をもつ. 実際, 解の公式に従って解を求めてみると, 解は

$$x = \frac{-1 \pm \sqrt{1-20}}{2} = \frac{-1 \pm \sqrt{-19}}{2} = \frac{-1}{2} \pm \frac{\sqrt{19}}{2}i$$

と複素数で表わされる.

高等学校でこのようなことを習っても, 虚数とか複素数というものは, なじみにくく, 何だか正体がわからないという感じがいつまでもつきまとう. しかし,

2   第1講　負数と虚数の誕生まで

この‘よくわからない’という感じがまた捉えどころのないものだから，ふつうの人は質問の焦点をどこに絞ってよいのかもわからず，虚数についてよくわからないという気分を残したまま沈黙してしまう．

数学史を眺める

数学史の上でも，複素数の導入には，虚数——imaginary number——という名前が示すように，長い間のためらいと迷いとがあった．実際は 19 世紀になってはじめて複素数が広く数学者の間に実在感をもつようになってきたのである．

この事実はよく知っていたが，改めて数学史の本を読んでみて，複素数の導入どころではなく，負の数の導入にも，ほとんど同じくらいの大変な道のりがあったということを知って驚いている．私たちにとって，正，負の実数は，複素数に比べれば，使いなれてよく知っている数である．この正，負の実数という数の体系は，自然数，整数，有理数としだいに数の範囲を広げて，最後に数直線上で有理数を完備化して得られたものであると理解している．しかし，数学史を読むと，このような段階的な数の発展史を見出すことはできないのである．

数というものは，現在の既成概念のように，確かな足どりで一歩一歩，数学史の上で組み立てられてきたものではない．数学史のそのような流れを知っておくことは，実数という概念に基づいて，複素数を理解しようとして立ち止まりがちな読者の足を，多少は軽くするかもしれない．ここで少しだけ，数の歴史の流れを追ってみよう．

負数の誕生過程

いまから 2300 年ほど前に著されたユークリッドの『原論』では，線分または図形を用いる幾何学的代数演算によってすべての算術の計算がなされていた．たとえば，a^2 は 1 辺が a の正方形の面積として表わされ，ab は 1 辺が a, 他の辺が b の長方形の面積として表わされていた．だからたとえば，『原論』の II 巻では $(a + b)^2 = a^2 + 2ab + b^2$ を示すのに，幾何学的に同値な命題の形でこれを証明するのに，1 頁半を要している．

この『原論』における幾何学的代数演算の影響は，中世からルネッサンス初期

のヨーロッパ数学の上に及んでいたようである．14 世紀の数学者オレームは，測定しうるものはすべて線分で表わされると主張していた．長い線分から短い線分を取り除くことはできるが，短い線分から長い線分を取り除くことはできない．したがって，数を線分で表わすという観点を強めると，負の数という概念は生まれ難いのである．

16 世紀前半は，ドイツで代数学が活発となったときであった．1544 年にシュティーフェルによってかかれた『算術全書』の中で，はじめて 2 次方程式の係数に負の数が採用されるようになり，それによって，2 次方程式を 1 つの形に整理してかくことができるようになったのである．しかし，シュティーフェルは，方程式の解として負の数を認めることはしなかった．彼は，負の数の性質を知っていたが，それでも，負数のことを'不合理な数'とよんでいた．無理数については，'無限という雲のようなものにおおわれている'といって，取り扱うことをためらっていた．

16 世紀半ば頃の状況について，ボイヤー『数学の歴史』(加賀美・浦野訳，朝倉書店) から一節を引用しておこう．

「無理数は確固とした基礎づけがなされていなかったが，カルダーノ (1501–1576) の時代までには一般に認められていた．というのも，無理数は有理数で容易に近似できたからである．負数は正数では容易に近似できないためもっと難しかったが，向きの概念 (つまり直線上での逆方向) の採用によりもっともらしく思えるようになっていた．カルダーノは，それらの無理数や負数を'つくりものの数 (numeri ficti)'とよびながらも使っていた．しかし，当時の代数学者が無理数や負数の存在を否定しようと思えば，ただ，古代ギリシャ人のように，方程式 $x^2 = 2$ や $x + 2 = 0$ は解けないというだけですんだ．」

負数の解を方程式の解として認めようとしない考えはデカルトの時代になってもまだ残っていたようである．近世数学の幕を開いたデカルト (1596–1650) やフェルマー (1601–1665) の残された文献を見ても，座標のよこ軸を負の方へ延ばしているものは見当らないそうである．よこ軸はつねに正の数だけを指し示していた．それに反したて軸は，ときには，負の方へ延びていたそうである．このことは，負の数の積極的な導入に対する，数学の世界における最後のためらいとゆ

4　　第 1 講　負数と虚数の誕生まで

らぎを示していたといえるのかもしれない.

　数直線や直交座標が現在のような形となり，$y = f(x)$ のグラフがこの座標平面上に自由に描かれるようになったのは，これから少しあとのことである. そしてこの時代の波の中で，二人の巨人，ニュートン (1642–1727) とライプニッツ (1646–1716) の活躍がはじまることになる.

虚数は長い間姿を現わさなかった

　負数の導入でもこのような長い歴史の経過があったのだから，さらに謎めいた虚数を数学者が認めるようになるには，一層長い道のりを要したのである.

　もっとも虚数は，2 次方程式の解法と直接結びついて登場してきたわけではないようである. 2 次方程式は，完全平方の形に直して解くことができるから，正の解を求めるだけならば，幾何学的代数——正方形を用いる作図——によって求めることができる. これは実質的にはすでに『原論』II 巻の中で述べられているものである. このように作図によって解を見出すことができるということは，逆に 2 次方程式の解の中で ‘線分’ として表わされないもの，すなわち負の解，虚の解を考察の外において，はじめから捨てさせることになった. $x^2 + 2 = 0$ は解がないといえば，それですんだのである.

虚数の登場——16 世紀

　虚数が最初に問題となったのは，16 世紀イタリアで 3 次方程式の解法が論ぜられるようになってからのことである.

　3 次方程式の一般解を最初に (1541 年頃までに) 見出したのはタルターリアであるといわれている. しかし，当時のイタリアを代表する代数学者はカルダーノとボンベッリ (1526–1573？) であった. 3 次方程式

$$x^3 + px = q$$

の一般解は，カルダーノの公式とよばれている次の式で与えられる.

$$x = \sqrt[3]{\sqrt{\left(\frac{p}{3}\right)^3 + \left(\frac{q}{2}\right)^2} + \frac{q}{2}} - \sqrt[3]{\sqrt{\left(\frac{p}{3}\right)^3 + \left(\frac{q}{2}\right)^2} - \frac{q}{2}}$$

(右辺の第 1 項を A, 第 2 項を B とすると，残りの 2 つの解は $\omega A - \omega^2 B$, $\omega^2 A$

$- \omega B,$ ここで $\omega = \dfrac{-1+\sqrt{3}i}{2}$.）

ところがこの一般解の式を，

$$x^3 - 15x = 4$$

に適用してみると少し妙なことがおきる．この方程式は因数分解されて，その結果 $(x-4)(x^2+4x+1) = 0$ となるから，正の解 4 をもつことがわかる．このことを上のカルダーノの一般解を用いて表わすと

$$4 = \sqrt[3]{2 + \sqrt{-121}} + \sqrt[3]{2 - \sqrt{-121}} \tag{1}$$

となる．すなわち，実の解 4 を表わすのに，カルダーノの公式を用いると虚数が現われてくるのである !!

もっともカルダーノは，別の問題で虚数に出会ったこともあった．それは '10 を 2 つの部分にわけて，それらの積を 40 となるようにせよ' というものであった．ふつうに解くと，この解は

$$5 + \sqrt{-15}, \quad 5 - \sqrt{-15}$$

となる．しかしカルダーノは，負の平方根を '詭弁的である' とし，'役に立たないとともに，理解し難いものである' といっていた．

ボンベッリは，上の事情 (1) を説明するのに，共役複素数に相当する考えを導入したが，それを彼自身 '奇抜な思想' とよんで，それ以上発展させることはなかったのである．

虚数の問題は，このようにしてこの時代に数学史の上に一度浮かび上がってきたが，しばらくして，再び沈んでいったようである．

実際，ライプニッツの功績の 1 つには，忘れかけられていた複素数を彼がもう一度取り上げたことが数えられている．たとえば彼は等式

$$\sqrt{6} = \sqrt{1 + \sqrt{-3}} + \sqrt{1 - \sqrt{-3}}$$

を示した．このように，正の実数を虚数に分解したことで，同時代の人を驚かせたという．

しかし，ライプニッツは，$f(x)$ が実係数の多項式のとき

$$f(x + \sqrt{-1}y) + f(x - \sqrt{-1}y)$$

は実数であると推論したが，この証明を与えることはできなかったのである．

このあと，18世紀になって，オイラー (1707–1783) が登場して，オイラーの公式

$$e^{ix} = \cos x + i\sin x$$

を通して，虚数が有効なものであることを示したが，この頃から複素数の考えは，しだいに浸透してくるようになった．

しかし，数学者の間で，複素数が実数と同じような実在感をもつようになるのは，ガウスによる，複素数の'ガウス平面'上の表示が示され，これが積極的に用いられるようになってからであった．これについては，これから少しずつ述べていくことにしよう．

Tea Time

 記号 i について

数学では，$\sqrt{-1}$ を表わすのに記号 i を用いている．この記号 i を最初に採用したのはオイラーであった．オイラーは晩年 1777 年の日づけのある原稿で $\sqrt{-1}$ を表わすのに i を使っていたが，それが印刷されたのは 1794 年の 1 回きりであった．実際は，i が虚数単位の記号として確固たる地位を占めるようになったのは，1801 年にガウスが有名な『数論研究』(Disquisitiones arithmeticae) を著わして，その中でこの記号を用いてからである．

なお，自然対数の底 e の表示もオイラーによる．円周率を表わす記号 π も，オイラーが多くの有名な教科書の中でこれを用いたことから，数学の中に定着したのである．ボイヤーは，その著『数学の歴史』の中で，$e^{\pi i}+1=0$ という，数学の中で最も基本的な定数 $e, \pi, i,$ および $0, 1$ という数の基本単位が現われるこの重要な等式をオイラーが見出したにもかかわらず，この定数のどれにもオイラーの名が冠せられていないことに，一言，注意を向けている．

第 2 講

向きを変えることと回転

テーマ
- ◆ 正の方だけ延びている数直線
- ◆ 半直線の向きを変える.
- ◆ 正の方向の数直線から負の方向への数直線
- ◆ 180°の回転と -1 をかけること
- ◆ 数直線から平面へ
- ◆ 90°の回転と i をかけること

正の方だけ延びている数直線

　第 1 講で振り返ってみた数学の歴史の流れは，私たちの数の認識のあり方について，1つの示唆を与えているように見える．負の数の導入に，長いためらいがあったということを振り返ってみると，私たちの話も，正の数と 0 の存在，およびその座標表示が可能であるというところから，まずはじめてみる方が，自然なことかもしれない．

　そのことは，歴史の時間をデカルト，フェルマーの時代あたりまで戻すことになるだろう．そうすると数直線といっても，起点 O からはじまって，右の方へだけどこまでも延びた半直線を考えることになる．

　起点 O には座標 0 を与え，あとは座標 1 をもつ点をこの半直線上に 1 つ決めることによって，この半直線上の各点に，

図 1

ちょうど 1 つの正数 (座標) が対応してくる．このようにして正数と 0 を表わす '半数直線' が得られる．この '半数直線' を，引用の便宜上，仮に 'デカルトの数直線' とよぶことにしよう．

半直線の向きを変える——180°の回転

さて，負の数の表わし方がまだ十分わかっていない時代を想定するとき，線分によって負の数まで表わそうとするにはどうしたらよいだろうか．それにはカルダーノの頃までには，大体察知されていたというように，向きという考えを，線分の中にいれておくことである．たとえば，長さ3の線分は，AからBへと測ったときには3を表わし，BからAへ逆向きに測ったときには，同じ線分が-3を表わすという考えである．このように考えることにしても，実

図2

際は線分を用いて代数演算を行なうとき，この演算に用いられるいくつかの線分の向きを，それぞれどのように決めたらよいかが問題となるだろうから，負数を線分を用いて表わすという考えは，それほど実効性がなかったのではないかと思われる．

しかし正の数を座標によって表わす，'デカルトの数直線'の場合には，事情は少し見やすくなる．今度は同じ線分の向きを図2のように変えるのではなくて，半直線全体の向きを変えると考える考え方が導入されてくる．

すなわち，'デカルトの数直線'の左の端点O（座標原点！）を中心にして，半直線を180°回転したものを考える．このとき，線分OAは反転されて，OA′へとうつされる（図3参照）．直線全体に左から右へ向かう向きを与えておくと，OからAへいく向きと，OからA′へいく向きは逆になっている．したがって，Aの座標がaならば，A′の座標を$-a$とすることは，自然な考えになってくる．もっとも，自然な考えといっ

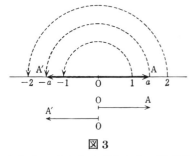

図3

ても，実際は，図2のような1つの線分の向きをつけかえる考えから，数直線上で，このようにOの右側を正，左側を負として，正負を分離して表わす考えに至るまでには，長い時間を要したのである．

数直線──正の数と負の数

このようにして，'デカルトの数直線'から，私たちのよく見なれた数直線が得られた．原点を中心にして $180°$ 回転するという考えは，できてしまえばコロンブスの卵のように当り前のことであるが，図2と図3を見比べると，確かにここに考えの飛躍があったことはよくわかるのである．

読者の中には，O についての対称点をとれば，負数の導入はそれですむことではないかと考える方がいるかもしれない，それはすでにでき上がった数直線を知っているからである．数を線分で表わすという考えがなお強く生きていたときには，与えられた線分から，どのような操作によって負の数を表わすかという考えがまず先立ち，図2のような考えからなかなか抜け出せなかったのではないか，と私は想像しているのである．

図2から図3へうつるときの，最も大きな視点の違いは，図3のような $180°$ の回転という考えをするときに，知らず識らずのうちに，私たちは，数直線を含む1つの平面を頭の中においていることである．この視点をもっとはっきりした形で取り出すことは，これからの話の中心となってくるのであるが，ここでは，まず，数直線上では，正の数から負の数への変換は，O を中心とした $180°$ の回転で得られるということを，もう少し別の角度から見ておこう．

正の数から負の数への変換は，このような幾何学的な観点を離れれば，正の数に -1 をかけるという演算で与えられている．たとえば，5 に -1 をかけると，-5 が得られる．したがって，算術的な演算

$$5 \xrightarrow{\times(-1)} -5$$

は，上に述べた観点に従えば，原点 O を中心にして，$180°$ 回転すると，5 は -5 になるということを示している．簡単にいえば

> -1 をかけるという演算は，原点 O を中心とする $180°$ の回転

である．

このことは，演算規則

$$(-1) \times (-1) = 1$$

がなぜ自然かということを端的に示している．左辺は，$180°$ の回転を二度繰り返

10　　第 2 講　向きを変えることと回転

すことを示し，右辺は，その結果は，360° の
回転，すなわちもとに戻ることを示している.

この演算規則から，また

$$(-a) \times (-b) = (-1) \times a \times (-1) \times b$$
$$= (-1) \times (-1) \times a \times b$$
$$= a \times b$$

が成り立つ.

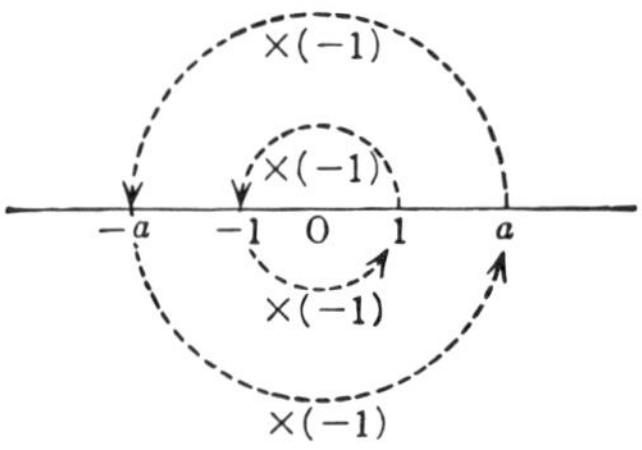

−1 をかけることは，O を中心とする
180° の回転を表わす

図 4

平面の登場

'デカルトの数直線' から，このように原点 O を中心にして，180° 回転するこ
とにより，負の側にも延びる数直線を得る考えは，非常に自然なことに思える.
しかし前にも注意したように，この考えの背景には，'デカルトの数直線' を含む
平面がいつしか広がっている. 実際，図 3，図 4 を見ても，私たちは，平面の中
で半直線をまわしている.

そうすると，今度はごく自然に，この平面の中で，'デカルトの数直線' を，90°
だけ時計の針と逆の向き (正の向き！) に回転してみたらどうなるだろうかという
発想が湧いてくる. しかし，この発想をもっと明確な形で述べようとすると，い
ままで漠然としていた 'デカルトの数直線' を含む平面が，今度ははっきりとし
た形をとって登場することになる.

平面内での 90° の回転

そこで，'デカルトの数直線' を含む平面を 1 つとって，それを固定して考える
ことにする. このようにいうと改まりすぎるが，要するに，座標平面のようなも
のを頭におくことになる.

この平面の中で，'デカルトの数直線' を O を中心として，正の向きに 90° だ
け回転してみよう. 結果は図 5 で示してある. このとき，1 のうつった先を i で
表わすことにする. また，3 のうつった先は $3i$，一般に正の数 a のうつった先は
ai──または ia──で表わす. ai は，数直線の外にあるから，何か未知の新しい

数を示しているに違いない.

正の数しか知らなかった人が，'数直線'を 180°回転して未知の新しい数——負の数——に出会ったと同じ状況に，いま私たちは直面していることになる.

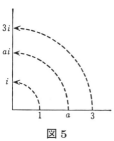

図 5

正の数しか知らなかった人が，いつの間にか -1 をかけるという演算になれてしまったように，私たちも，この段階では，i をかけるということを，あまり深く考えずに進んでいくことにしよう．そうすると，負の数の場合との類似を追ってみると，i をかけるということは，この平面内での，O を中心とする 90°の (正の向きの) 回転を示していると考えるのは，ごく自然なことであろう．すなわち

> i をかけるという演算は，原点 O を中心とする 90°の回転

を示していると考えることにする.

このように考えると

$$1 \xrightarrow[90°回転]{\times i} i \xrightarrow[90°回転]{\times i} -1$$

180°回転

すなわち

> $i^2 = -1$ （180°の回転）

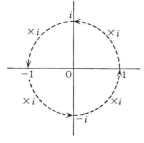

i をかけることは，O を中心とする 90°(正の向き)の回転を表わす

図 6

が成り立つことがわかる．したがってまた

> $i^3 = i \times i^2 = -i$ （270°の回転）
> $i^4 = 1$ （360°の回転）

が成り立つ.

このことからたとえば

$$5i \times 3i = 5 \times 3 \times i \times i = -15$$
$$(-2i) \times 3i = (-2) \times 3 \times i^2 = -6 \times (-1) = 6$$

となる．

複素平面，複素数

このように，数直線に対して，原点 O を通る垂直な直線を引いて，この直線上の点が

$$bi \quad (b：実数)$$

を表わしていると考えたとき，数直線を実軸，これに垂直な軸を虚軸という．

実軸と虚軸が与えられると，実は，図 7 で示してあるように，この平面上の任意の点は，実軸の座標と虚軸の座標で一意的に表わされる．実軸の座標が a，虚軸の座標が bi である点を，和の記号を用いて $a+bi$，または

$$a+ib \qquad (1)$$

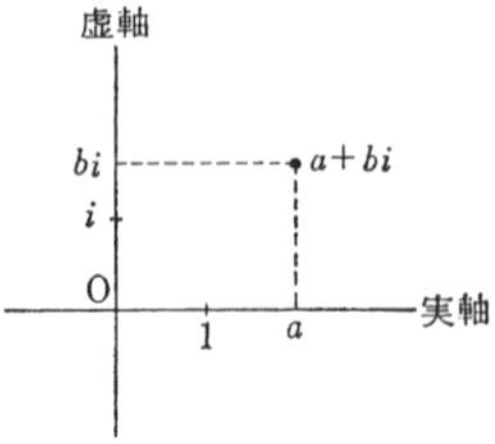

(a,b は実数) と表わすことにすると，平面上の点と，このような形の'数'が 1 対 1 に対応することになる．

図 7

このように誕生してきた平面を複素平面，またこのように誕生してきた数を複素数という．誕生の経過がわかった上で，次講から改めて複素数を，さらに第 4 講からは複素平面を考えていくことにする．

いま，私たちの前で数の世界が，数直線で表わされる数から，より広い複素数へと拡張されていこうとしているのである．

Tea Time

質問 ここでは'デカルトの数直線'を $90°$ 回転して虚数単位 i を導入されましたが，$45°$ 回転しても同様の議論ができると思います．数直線上の 1 を $45°$ 回転したものを $\tilde{i}$ で表わせば，今度は $\tilde{i}^4 = -1$ になると思います．そうしたら

$$c + \tilde{i}d \quad (c,d \text{ は実数}) \qquad (*)$$

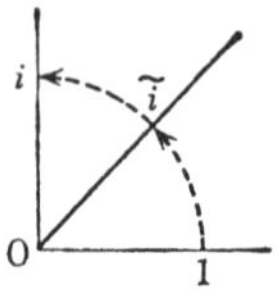

図 8

で表わされる数は，複素数とは違う新しい数となるのではないでしょうか．

答　着眼点はすぐれているが，そのように考えてみても，新しい数が生まれるわけではなくて，やはり複素数と同じものを考えていることになる．確かに (1) と (∗) の表示は違っている．また $i^2 = -1$，$\tilde{i}^4 = -1$ だから，i と $\tilde{i}$ の性質も違う．しかし図からも明らかなように

$$\tilde{i} = \frac{\sqrt{2}}{2} + i\frac{\sqrt{2}}{2}, \quad i = -1 + \sqrt{2}\hat{i}$$

という関係が成り立っているから，この関係をそれぞれ (∗) 式と (1) 式に代入してみると，(1) で表わされる数も，(∗) で表わされる数も，全体としては同じものを表わしていることがわかる．

　実際は，180° 以外の回転 (もちろん 360° も除く) ならば，それぞれの回転に応じて，(∗) と同様の表示をもつ数の集まりが得られることになる．しかし，これらは，複素数の別の表わし方をしているにすぎないことなる．このような中で，かけ算の規則が一番簡単なのは，90° の回転の場合，すなわち (1) の表示の場合なのである．

第 **3** 講

複 素 数 の 定 義

─ テーマ ─
- ◆ 複素数の定義
- ◆ 複素数の演算の規則
- ◆ 共役な複素数
- ◆ 実数部分，虚数部分
- ◆ ハミルトンによる複素数の導入法

複素数の定義

　前講までの話の流れを少し止めるようであるが，まず素朴な形で複素数の定義を与えておこう．

【定義】 実数 a, b に対して

$$a + ib \quad (i^2 = -1)$$

と表わされる数を複素数という．a を実数部分，b を虚数部分という．

　注意　複素数を表わすのに，$a + ib$ という表わし方が一定しているわけではなくて $a + bi$ とかいてもよいし，$ib + a$ とかいてもよい．

　2 つの複素数

$$\alpha = a + ib, \quad \beta = c + id$$

に対して，α と β がどのようなとき等しくなるかということと，四則演算──加減乗除──を次のように定義する．

　複素数の同等：　$a = c,\ b = d$ のとき，$\alpha = \beta$ と定義する．

　加法：　$\alpha + \beta = (a + c) + i(b + d)$ (1)

　減法：　$\alpha - \beta = (a - c) + i(b - d)$ (2)

　乗法：　$\alpha\beta = (ac - bd) + i(ad + bc)$ (3)

　除法：　$\beta \neq 0$ のとき

$$\frac{\alpha}{\beta} = \frac{ac+bd}{c^2+d^2} + i\,\frac{bc-ad}{c^2+d^2} \tag{4}$$

この除法のところで，$\beta \neq 0$ とかいたのは，少しはっきりしないことだったかもしれない．実数部分も虚数部分も 0 であるような複素数，すなわち $0+i0$ と表わされる複素数を，いつもと同じ記号で 0 (ゼロ) と表わしているのである．したがって $\beta \neq 0$ は，c と d のうち少なくとも一方は $\neq 0$, すなわち $c^2+d^2 \neq 0$ と同値である．

また上の演算規則を，特に虚数部分が 0 の場合，すなわち

$$\alpha = a + i0, \quad \beta = c + i0$$

の場合に適用してみると，ちょうど実数部分 a, c に四則演算をほどこしたものになっている．そのことから $\alpha = a + i0$ と表わされる複素数を，実数 a と同一視しておいても，少しも差しつかえないことがわかる．

演算の規則

このように四則演算を定義しておくと，実数の場合と同じような演算の規則が成り立つ．

結合則：	$(\alpha+\beta)+\gamma = \alpha+(\beta+\gamma),$	$(\alpha\beta)\gamma = \alpha(\beta\gamma)$
可換則：	$\alpha+\beta = \beta+\alpha,$	$\alpha\beta = \beta\alpha$
単位元：	$\alpha+0 = \alpha,$	$\alpha 1 = \alpha$
逆　元：	$\alpha+(-\alpha) = 0,$	$\alpha\dfrac{1}{\alpha} = 1 \quad (\alpha \neq 0)$
分配則：	$\alpha(\beta+\gamma) = \alpha\beta+\alpha\gamma$	

ここで，左側は加法，右側は乗法の規則を示している．たとえば，単位元とかいてあるのは，加法については 0 が単位元 (すなわち演算をほどこしても変わらない)，乗法については 1 が単位元であることを示している．

分配則は，加法と乗法の 2 つの演算規則の関係を与えているものである．

共役な複素数

複素数 $\alpha = a + ib$ に対して

16   第3講 複素数の定義

$$\bar{\alpha} = a - ib$$

とおき，$\bar{\alpha}$ を α の共役複素数という．この定義から直ちに

$$\bar{\bar{\alpha}} = \alpha$$

が成り立つことがわかる．また

$$\alpha + \bar{\alpha} = 2a, \quad \alpha - \bar{\alpha} = 2ib$$
$$\alpha\bar{\alpha} = a^2 + b^2 \tag{5}$$

が成り立つ．上の方の式は明らかであろう．下の方の式は

$$\alpha\bar{\alpha} = (a + ib)(a - ib) = a^2 - (ib)^2$$
$$= a^2 - i^2 \cdot b^2 = a^2 - (-1)b^2 = a^2 + b^2$$

からわかる.

いま，$\alpha = a + ib$ の実数部分 a，虚数部分 b を表わすのに，記号

$$\Re(\alpha) = a, \quad \Im(\alpha) = b$$

を用いることにしよう（ここで $\Re$ と $\Im$ は，それぞれドイツ文字の R と I を表わしている）．そうすると (5) は

$$\Re(\alpha) = \frac{\alpha + \bar{\alpha}}{2}, \quad \Im(\alpha) = \frac{\alpha - \bar{\alpha}}{2i}$$

とかいてもよいことになる.

なお，除法の公式 (4) は，$\dfrac{\alpha}{\beta} = \dfrac{\alpha\bar{\beta}}{\beta\bar{\beta}}$ として，分母を実数にして計算したものになっている.

簡単なことであるが

$$\alpha \text{ が実数} \iff \alpha = \bar{\alpha}$$

および

$$\alpha \text{ が純虚数} \iff \alpha = -\bar{\alpha}$$

にも注意しておいた方がよいかもしれない．ここで純虚数とは，実数部分が 0

であるような複素数, すなわち ib (b：実数) という形で表わされる数のことである.

共役複素数に関する最も基本的な性質は次の性質である.

$$\overline{(\alpha + \beta)} = \bar{\alpha} + \bar{\beta}$$
$$\overline{\alpha\beta} = \bar{\alpha} \cdot \bar{\beta}$$

下の方の式だけ証明しておこう. $\alpha = a + ib$, $\beta = c + id$ とする. このとき

$$\alpha\beta = (ac - bd) + i(ad + bc)$$

したがって

$$\overline{\alpha\beta} = (ac - bd) - i(ad + bc)$$

一方 $\bar{\alpha} = a - ib$, $\bar{\beta} = c - id$ により

$$\bar{\alpha} \cdot \bar{\beta} = (a - ib)(c - id) = (ac - bd) - i(ad + bc)$$

となり, $\overline{\alpha\beta} = \bar{\alpha} \cdot \bar{\beta}$ が示された. ∎

定義の素朴性

この講の最初に与えた複素数の定義でもう十分のようであるが, この定義では, 何かあいまいではっきりしないといわれるおそれもある. それは

$$a + ib \quad (i^2 = -1)$$

とかいたが, まず i^2 というのは何のことかと聞かれると困るのである. 私たちは実数の 2 乗は知っているが, i などというまだ正体不明のものを 2 乗することは知らないのである.

この点を補正するには, 複素数とは, $a + ib$ と表わされる数で, 前に述べた (1) から (4) までの四則演算の規則をみたすものと定義し直すとよい. そうするとかけ算の規則 (3) から

$$i^2 = i \cdot i = -1$$

となることが導かれる.

しかし, それでもまだ明確ではない, といわれるかもしれない. それは $a + ib$ とかいたとき, ＋ とか, ib とは何のことかと聞かれると, やはり答に窮するから

18 第3講 複素数の定義

である.

ハミルトンによる複素数の導入法

こんなことで，せっかくわかりかけてきた複素数の理解を妨げられては困るので，この論点を避けるために，数学者は次のように工夫する.

【定義】 複素数とは，2つの実数の組 (a, b) であって，次の加法と乗法の規則をみたすものである.

加法： $(a, b) + (c, d) = (a + c, \ b + d)$

乗法： $(a, b) \cdot (c, d) = (ac - bd, \ ad + bc)$

このとき減法 $(a, b) - (c, d)$ は，$(a, b) = (c, d) + (x, y)$ をみたす (x, y) として定義できる．除法も乗法の逆演算として定義できる.

このような演算規則をもつ実数の組 (a, b) の中で，特に $(a, 0)$ の形のものに注目して，これを実数 a と同一視する．そうしてもよいのは，$(a, 0) \longleftrightarrow a$ という対応で，加法と乗法の演算規則もそのまま保たれているからである.

また $(0, 1)$ を i で表わすことにする.

$$i = (0, 1)$$

このとき，上の乗法の規則から

$$i^2 = ii = (0, 1)(0, 1) = (-1, 0) = -1$$

(最後にかいてある等号は，上に述べた実数との同一視による).

また上の加法と乗法の規則から

$$(a, b) = (a, 0) + (0, b)$$
$$= (a, 0) + (0, 1)(b, 0)$$
$$= a + ib$$

となることがわかる．このようにして，実数の対 (a, b) を経由することにより，$a + ib$ という記法に紛らわしさがなくなった．これはハミルトン (1805–1865) による複素数の導入法とよばれている.

Tea Time

 ライプニッツの推測の確証

第 1 講で述べたように,ライプニッツは,$f(x)$ が実係数の多項式のとき,$f(x+iy)+f(x-iy)$ は実数となるだろうと予想したが,その証明を与えることはできなかった.しかし私たちは,ここで述べた共役複素数の性質を用いて,この予想が正しいことを示すことができる.

そのため
$$f(x) = a_0 x^n + a_1 x^{n-1} + \cdots + a_n$$
とおく.仮定から,係数 $a_0, a_1, \ldots, a_n$ は実数だから
$$a_0 = \overline{a_0}, \quad a_1 = \overline{a_1}, \quad \ldots, \quad a_n = \overline{a_n} \qquad (*)$$
が成り立つことに注意する.また $z = x+iy$ とおくと,$\bar{z} = x-iy$ である.ライプニッツの予想は
$$f(z) + f(\bar{z}) \qquad (**)$$
が実数であるということである.

さて,一般に $\bar{z}^n = \bar{z} \cdot \bar{z} \cdots \bar{z} = \overline{z \cdot z \cdots z} = \overline{z^n}$ に注意すると,
$$\begin{aligned}
f(\bar{z}) &= a_0 \bar{z}^n + a_1 \bar{z}^{n-1} + \cdots + a_n \\
&= \overline{a_0 z^n} + \overline{a_1 z^{n-1}} + \cdots + \overline{a_n} \quad ((*) \text{ を用いた}) \\
&= \overline{a_0 z^n + a_1 z^{n-1} + \cdots + a_n} \\
&= \overline{f(z)}
\end{aligned}$$
したがって $(**)$ は
$$f(z) + \overline{f(z)}$$
に等しい.これは,複素数 $f(z)$ の実数部分の 2 倍,すなわち $2\Re(f(z))$ に等しい.したがって実数である.これでライプニッツの予想が確かめられた.

第 **4** 講

複 素 平 面

テーマ

◆ 複素平面, ガウス平面
◆ 加法の図示
◆ 複素数のベクトル表示
◆ 減法の図示
◆ 弧度 (挿記)
◆ オイラーの関係式

複 素 平 面

前講の終りで述べた複素数のハミルトン流の導入法によれば, 複素数 $a + ib$ は, 2 つの実数の組

$$(a, b)$$

で与えられているのだから, この表示から複素数 $a + ib$ を, 座標平面上の座標 (a, b) をもつ点として考えることは, ごく自然のことに思えてくる.

もっとも歴史的にはこの順序は逆であって, 複素数を平面上の点として表示しようとする考えは, 複素数を抽象的に実数の対として考えようとする着想より早く, 1800 年前後から試みられていた. しかし, この複素数の平面表示の考えが, 数学者に広く認められるようになったのは, 大数学者ガウス (1777–1855) の権威によるところが大きかったのである.

平面上に直交座標をとる. このとき平面上の点 P は座標 (a, b) で表わされる. 私たちは, このとき点 P は複素数

$$\alpha = a + ib$$

を表わすと考えることにしよう. すなわち x 座標 a は複素数 α の実数部分を表わし, y 座標 b は虚数部分を表わすと考える.

このような約束によって, 平面上の点の 1 つ 1 つが複素数を表わすと考えたとき, この平面を複素平面, またはガウス平面という.

このとき，x 軸を実軸，y 軸を虚軸という．
実軸上にのっている点は，

$$a + i0$$

と表わされる点であって，これは実数 a と同一視される．虚軸上にのっている点は

$$0 + ib = ib$$

と表わされる点であって，純虚数を表わす．

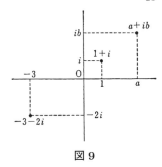

図 9

加法の図示

複素数 α は，複素平面上の点 P で表わされているとしよう．このとき，原点 O を始点として P を終点とするベクトル $\overrightarrow{OP}$ を引いて，このベクトルが複素数 α を表わすと考えることも多い．

2 つの複素数 $\alpha = a + ib$，$\beta = c + id$ の和 $\alpha + \beta$ は，α を表わすベクトルと，β を表わすベクトルの和——α，β をそれぞれ 1 辺とする平行四辺形の対角線——として与えられる (図 10)．

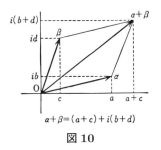

図 10

複素数のベクトル表示

複素数を，原点 O を始点とするベクトルで表わすという考えを推し進めて，複素平面上の任意のベクトル $\overrightarrow{AB}$ もまた 1 つの複素数を表わすと考えることにしよう．すなわちベクトル $\overrightarrow{AB}$ の表わす複素数は，$\overrightarrow{AB}$ を平行移動して得られる原点を始点とするベクトル $\overrightarrow{OP}$ の表わす複素数であると約束する．

たとえば図 11 で，ベクトル $\overrightarrow{AB}$ は複素数 $2 + i$ を表わしている．

平面上のベクトルの概念を知っている人は，この場合ベクトル $\overrightarrow{AB}$ とベクトル $\overrightarrow{OP}$ は，同じベクトルを表わしていると考えていたことを思い出しておこう．

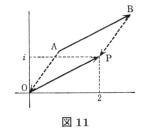

図 11

関係 $\alpha_1 + \alpha_2 + \cdots + \alpha_n = 0$ の図示

このような複素数のベクトル表示を用いると，$\alpha_1 + \alpha_2$ は図 12 (a) のように表わすことができ，したがってまた $\alpha_1 + \alpha_2 + \alpha_3$ は (b) のように表わすことができる．そのことから，もし α_4 という複素数が $\alpha_1, \alpha_2, \alpha_3$ を順次つないで得られる図形を最後に閉じるベクトルとして与えられているならば，α_4 と $\alpha_1 + \alpha_2 + \alpha_3$ は長さと方向が同じで向きだけが違うのだから

$$\alpha_1 + \alpha_2 + \alpha_3 + \alpha_4 = 0$$

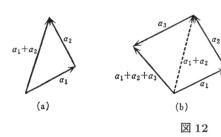

図 12

となることがわかる (図 12(c))．逆に $\alpha_1 + \alpha_2 + \alpha_3 + \alpha_4 = 0$ ならば，ベクトル $\alpha_1, \alpha_2, \alpha_3, \alpha_4$ を順次つなぐと，'回路' が閉じて，四辺形が得られる．

同様に考えると，$\alpha_1, \alpha_2, \ldots, \alpha_n$ という n 個の複素数が関係 $\alpha_1 + \alpha_2 + \cdots + \alpha_n = 0$ をみたすということと，ベクトル $\alpha_1, \alpha_2, \ldots, \alpha_n$ を順次つないで得られる '回路' が閉じていることと同値であることがわかる (図 13)．

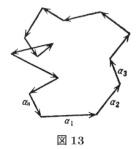

図 13

減法の図示

複素数 α, β が与えられたとき，$\alpha - \beta$ を表わす複素数 γ は，図 14 で示されているようなベクトルで与えられる．実際このとき $\beta + \gamma = \alpha$ となっている．

特に $\alpha = 0$ のときを考えると，$-\beta$ を表わすベクトルは，β を表わすベクトルの向きを逆にしたものになっている．

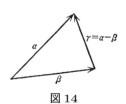

図 14

共役複素数の表示

複素数 $\alpha = a+ib$ の共役複素 $\bar{\alpha} = a-ib$ は，複素平面上では，実軸に関して α と対称な点となっている．

図15では，$\bar{\alpha}$ を図示しただけではなく，前講で示した関係

$$\Re(\alpha) = \frac{\alpha + \bar{\alpha}}{2} (= a)$$

$$\Im(\alpha) = \frac{\alpha - \bar{\alpha}}{2i} (= b)$$

も示しておいた．

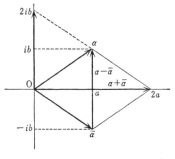

$\alpha - \bar{\alpha}$ を表わすベクトルは虚軸上 $2ib$ を表わす

図 15

弧　　度 (挿記)

複素数の極座標表示というものを述べる前に，平面上の角を測る単位を，角度から弧度(ラジアン)へと切り替えておかなくてはならない．

弧度とは，角 θ の大きさを測るのに，図16のように半径1の円を描いて，角 θ のつくる弧 $\widehat{AB}$ に注目し，この弧長を θ の大きさとして採用したものである．

もう少し正確にいうと，角 θ には向きをつけて，始線 OA から出発して，動径 OB が時計の針と逆向きにまわるときは正の向きとし，このとき

$$\theta^{コド} = \widehat{AB} \text{ の弧長}$$

また，OB が時計の針と同じ向きにまわるときには負の向きとし，このとき

$$\theta^{コド} = -\widehat{AB} \text{ の弧長}$$

と定義する．

以下 $\theta^{コド}$ のコドは省いて，角 θ というときには，つねに角は，弧度で表わされ

ているとする.

半径 1 の円周は 2π であり，したがって

$$360° \text{ は } 2\pi$$
$$180° \text{ は } \pi$$
$$90° \text{ は } \frac{\pi}{2}$$

となる.

オイラーの関係式

座標平面上で，原点 O を中心とした半径 1 の円周上を，図 17 で示してあるように，動点 P が動くとき，P の x 座標，y 座標は角 x の関数となる．この関数がそれぞれ $\cos x$, $\sin x$ として表わされるのであった．x として弧度を用いていると，$\cos x$, $\sin x$ は，テイラー展開されて，次のようにベキ級数で表わされる.

$$\cos x = 1 - \frac{x^2}{2!} + \frac{x^4}{4!} - \frac{x^6}{6!} + \cdots$$
$$\sin x = x - \frac{x^3}{3!} + \frac{x^5}{5!} - \frac{x^7}{7!} + \cdots$$

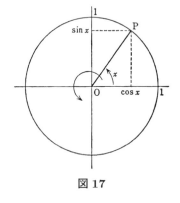

図 17

虚数単位 i は，乗法について周期 4 で右のようにまわっていることに注意すると，

$$\cos x + i\sin x = 1 + ix + \frac{(ix)^2}{2!} + \frac{(ix)^3}{3!} + \frac{(ix)^4}{4!}$$
$$+ \cdots + \frac{(ix)^n}{n!} + \cdots$$

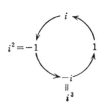

と表わされることがわかる.

この式を e^{ix} と表わすことにし

$$e^{ix} = \cos x + i\sin x$$

をオイラーの関係式という.

ここでは形式的に e^{ix} を導入したが，e は自然対数の底を表わしている．この関数のもっと本質的な導入法については第18講で改めて述べる．

これもいまの段階では，上の定義から導かれる形式的なことであると考えてもらってよいのだが，'指数法則'

$$e^{ix}e^{iy} = e^{i(x+y)} \qquad (1)$$

が成り立つ．

【証明】 左辺 $= e^{ix}e^{iy} = (\cos x + i\sin x)(\cos y + i\sin y)$
$= (\cos x \cos y - \sin x \sin y) + i(\cos x \sin y + \sin x \cos y)$
$= \cos(x+y) + i\sin(x+y) = e^{i(x+y)}$
$=$ 右辺 ∎

Tea Time

質問 この講でのお話を聞く限りでは，複素数 $a+ib$ は，2つの実数からなる対 (a,b) を考えたといえばすむような気がします．実際，複素数を複素平面上のベクトルとして表わしてしまえば，加法や減法は平面上のベクトルの演算として，私たちがよく知っているものになっています．特に新しいものが登場したという気がしないのですが．

答 複素数を加法的な面だけで捉えれば，確かにそういえるかもしれない．しかし複素数の特徴的な性格は，$i^2 = -1$ が示すように乗法的な面に強く現われている．乗法的な面で見ると，複素数を実数部分と虚数部分にわける表わし方だけでは，取り扱い難いし，本質的な部分を理解し難い状況もおきるのである．たとえば3つの複素数

$$\alpha_1 = a_1 + ib_1, \quad \alpha_2 = a_2 + ib_2, \quad \alpha_3 = a_3 + ib_3$$

が与えられたとき，この3つの積 $\alpha_1\alpha_2\alpha_3$ を表わす式は，実数部分と虚数部分に + と − が入り混じって，複雑な式となる．もっとたくさんの数の複素数をかけた式を取り扱うとき，実数部分と虚数部分にわける見方しかないならば，誰にも近づきやすい複素数の理論をつくることなど絶望的となっただろう．

26   第4講 複 素 平 面

　しかし実際は，複素数の乗法は，複素平面の回転と拡大 (縮小) 写像とに密接に関係しており，この関係を表わすのに，複素数の極形式による表示という表わし方が，実数部分，虚数部分にわける表わし方よりも一層適している．これは次講のテーマとなるのであるが，そこへ進むと，複素数は単に実数の対として見る見方より，はるかに深い内容を含んでいることがわかるだろう．

第 **5** 講

複 素 数 の 乗 法

―― テーマ ―――――――――――
◆ i をかけること――$\frac{\pi}{2}$ の回転
◆ 極形式による表示；絶対値，偏角
◆ 複素数の乗法――絶対値は積，偏角は和
◆ 乗法の図示
◆ 除法の図示
◆ $\frac{1}{\alpha}$ の図示

i をかけること

第 2 講で述べたように，虚数単位 i をかけることは正の実数を $\frac{\pi}{2}$ (直角！) だけ回転することを意味している．実は任意の複素数

$$\alpha = a + ib$$

に対しても，$i\alpha$ は，α を $\frac{\pi}{2}$ だけ回転したものとなっている．実際

$$i\alpha = -b + ia$$

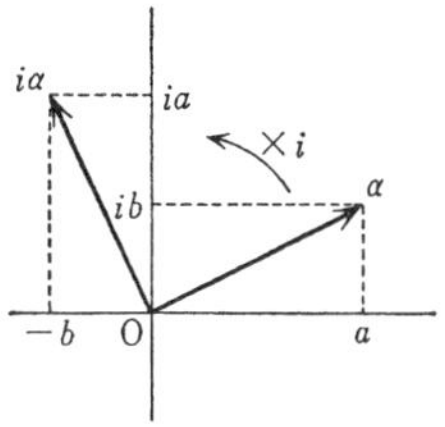

であって，図 18 からわかるように，$i\alpha$ は，ベクトル
α を，原点 O を中心にして $\frac{\pi}{2}$ だけ回転したものとなっている．

図 18

すなわち，i をかけるという演算は，複素平面全体を $\frac{\pi}{2}$ だけ回転する写像と見なせる．

このことからまた，任意の複素数 α に $2i$ をかけるという演算は，

$$\alpha \longrightarrow i\alpha \longrightarrow 2i\alpha$$

と分解してみるとわかるように，α を $\frac{\pi}{2}$ だけ回転して，次に 2 倍だけ延ばすとい

う写像になっていることがわかる.

このような複素数の乗法のもつ幾何学的な意味をもっとよく調べるためには，複素数の極形式による表示を用いることが適している．

複素数の極形式による表示

α を 0 と異なる複素数とする．このとき α は，複素平面上で，原点 O と異なる点 P で表わされる．P は，ベクトル $\overrightarrow{OP}$ の長さ r と，$\overrightarrow{OP}$ が実軸の正の部分となす角 θ によって一意的に決まる．P の実数部分は $r\cos\theta$ であり，虚数部分は $r\sin\theta$ である．

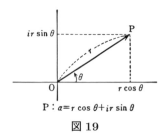

図 19

α に戻れば，このことは

$$\alpha = r(\cos\theta + i\sin\theta) \tag{1}$$

と表わされることを示している．複素数 α をこのように表示することを，α の極形式による表示という．

極形式という言葉を用いるのは，一般に平面上の点 P をこのように，極 (いまの場合，原点 O) からの動径の長さ r と，始線 (いまの場合，正の実軸) からの角 θ の対 (r, θ) で表わすことを，極座標表示というからである．

(1) で $r > 0$ であり，r を α の絶対値という．記号

$$|\alpha| = r$$

で表わす．一方，(1) で θ の方は α によって一意的には決まらない．1つ θ をとると，残りの θ は

$$\theta + 2n\pi \quad (n = 0, \pm 1, \pm 2, \ldots)$$

と表わされる (n 回まわってから $\overrightarrow{OP}$ へ到達する！)．θ を α の偏角といい

$$\arg \alpha = \theta$$

と表わす．(実際は $\arg \alpha = \theta + 2n\pi \ (n = 0, \pm 1, \pm 2, \ldots)$ とかいた方が正確なのであるが，ふつうは $\arg \alpha = \theta$ とかいてこの事情を了承することにしている．)

注意 記号 arg は，偏角を表わす英語 argument の頭 3 字をとったものである．

絶対値 r を正とかいたのは，はじめから $\alpha = 0$ の場合を除外していたからである．$\alpha = 0$ のときは，偏角は決まらない．しかしこのときは，$r = 0$ の場合であるとして，やはり表示 (1) を用いる．したがってこの約束のもとでは，任意の複素数 α に対して，α の絶対値 $|\alpha|$ は

$$|\alpha| \geqq 0$$

となる．

なお

$$\alpha = a + ib = r(\cos\theta + i\sin\theta)$$

のとき

$$r = \sqrt{a^2 + b^2}, \quad \tan\theta = \frac{b}{a}$$

が成り立つことは，$a = r\cos\theta,\ b = r\sin\theta$ から明らかであろう (図 19 参照)．

複素数の乗法

複素数の極形式による表示 (1) は，オイラーの関係式を用いると，簡単に

$$\alpha = re^{i\theta} \quad (r = |\alpha|,\ \theta = \arg\alpha)$$

と表わすことができる．この形にかき表わしておくと，複素数の乗法の規則は簡明に述べることができる．すなわち，

$$\alpha = re^{i\theta}, \quad \beta = r_1 e^{i\theta_1}$$

に対して，前講で述べた '指数法則' (1) を適用すると

$$\alpha\beta = rr_1 e^{i(\theta+\theta_1)}$$

となる．この式は

$$|\alpha\beta| = rr_1, \quad \arg(\alpha\beta) = \theta + \theta_1$$

のことを示している．$r = |\alpha|,\ r_1 = |\beta|,\ \theta = \arg\alpha,\ \theta_1 = \arg\beta$ に注意すると，この結果は

$$|\alpha\beta| = |\alpha||\beta|$$
$$\arg(\alpha\beta) = \arg\alpha + \arg\beta$$

とかくことができる．あるいは標語的に

複素数の積では，絶対値は積となり，偏角は和になる

といってもよい．

注意 もちろんこの結果は，オイラーの関係式を用いなくとも，(1) から直接確かめられることである．

乗法の図示

このことを図を用いていい直してみよう．α を表わすベクトルを $\overrightarrow{OP}$, β を表わすベクトルを $\overrightarrow{OQ}$ とする．このとき $\alpha\beta$ を表わすベクトル $\overrightarrow{OR}$ は次のようにして得られる．

まず $\overrightarrow{OP}$ を β の偏角だけ回転する．次にこのようにして得られたベクトルを同じ方向に $|\beta|$ 倍だけ延ばすとよい (もっとも一般的にこのようにかいても $|\beta| < 1$ ならば，実際は縮小していることになる！)．このとき，ベクトル $\overrightarrow{OR}$ の長さは $|\alpha||\beta|$ であり，$\overrightarrow{OR}$ が実軸の正の部分となす角は，$\arg\alpha + \arg\beta$ となっている．

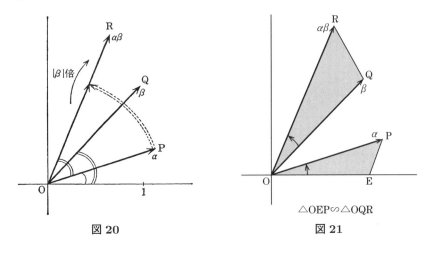

図 20 　　　　　　　　　図 21

このことは，点 R は複素数 $\alpha\beta$ を表わす点となっていることを示している (図 20).

この状況が理解されると，実は，$\alpha\beta$ を求めるもう少し簡単な作図法があることに気がつく．それには次のようにするとよい．実軸上で 1 を表わす点を E とし，三角形 OEP を考える．OE が OQ に対応するようにして，これと相似な三角形 OQR をつくると，R が $\alpha\beta$ を表わす点となっている (図 21).

実際 OR : OP = OQ : OE から OR = OP・OQ, すなわち OR の長さは OP, OQ の長さの積となっていることがわかり，また図から明らかに，$\overrightarrow{\mathrm{OR}}$ が OE となす角は α の偏角と β の偏角との和になっている．

コメント

複素数では，図 21 のように，かけ算まで作図ができるということは，本当に驚くべきことである．

しかし，読者の中には，実数のかけ算は作図で求められなかったのに，複素数のかけ算は作図で求められるというのはおかしいと思う人がいるかもしれない．α が正の実数のときには，$\arg \alpha = 0$ となり，このとき図 21 で △OEP はつぶれてしまう．したがって △OQR の方もつぶれてしまって，作図といえば，$\overrightarrow{\mathrm{OQ}}$ をこの方向に α 倍するだけである (図 22 の左の図)．α 倍といってもこの場合作図で求めるよりは，実際は計算して求めることになる．

α が負の実数のときも，△OEP はつぶれている．ただしこのときは，∠EOP $= \pi$ となっている．このとき上の作図を行なうと，$\overrightarrow{\mathrm{OR}}$ は，$\overrightarrow{\mathrm{OQ}}$ とは逆の方向に

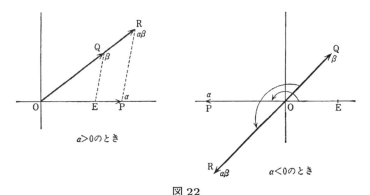

図 22

$|\alpha|$ 倍されていることがわかる (図 22 の右の図). 特に β 自身も負の実数ならば, $\alpha\beta$ は正の実数となるのである.

複素数の除法

複素数 $\alpha, \beta\ (\neq 0)$ が与えられたとき, $\alpha = re^{i\theta}$, $\beta = r_1 e^{i\theta_1}$ と表わすと

$$\frac{\alpha}{\beta} = \frac{r}{r_1} e^{i(\theta - \theta_1)}$$

となる. このことから, $\frac{\alpha}{\beta}$ の絶対値と偏角について公式

$$\left|\frac{\alpha}{\beta}\right| = \frac{|\alpha|}{|\beta|}$$

$$\arg\left(\frac{\alpha}{\beta}\right) = \arg \alpha - \arg \beta$$

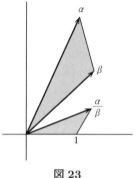

図 23

が得られる.

α, β が与えられたとき, 複素平面上で $\frac{\alpha}{\beta}$ を求める作図は, 乗法のときの作図をちょうど逆に行なうとよい (図 23 参照).

$\dfrac{1}{\alpha}$ を求める

特に $\alpha\ (\neq 0)$ の逆数 $\dfrac{1}{\alpha}$ を複素平面上で求めておこう. 上に述べたことから, $\arg 1 = 0$ に注意すると

$$\left|\frac{1}{\alpha}\right| = \frac{1}{|\alpha|}, \quad \arg\left(\frac{1}{\alpha}\right) = -\arg \alpha$$

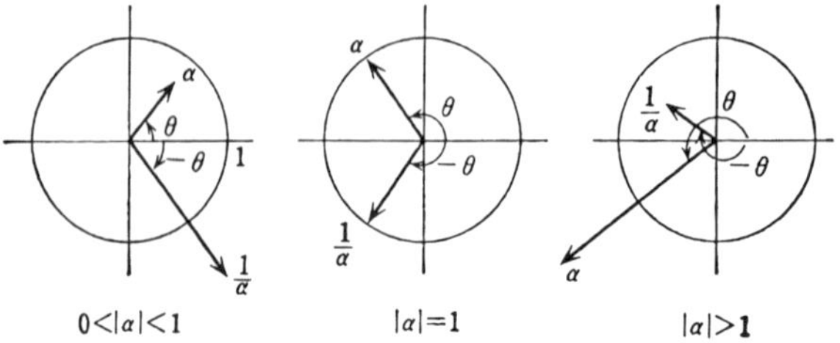

図 24

のことがわかる.

このことから $0 < |\alpha| < 1$, $|\alpha| = 1$, $|\alpha| > 1$ の 3 つの場合にわけて, $\dfrac{1}{\alpha}$ の場所を図示すると図 24 のようになる.

図からも明らかなように

$$|\alpha| = 1 \text{ のとき } \frac{1}{\alpha} = \bar{\alpha}$$

である.

Tea Time

 2 つの複素数 α と β が等しいということ

2 つの複素数 α と β が等しいということは, α と β の実数部分, 虚数部分が等しいということ, すなわち $\Re(\alpha) = \Re(\beta)$, $\Im(\alpha) = \Im(\beta)$ が成り立つことで, もうこれ以上つけ加えることはない. それはそうであるが, Tea Time のような少しゆったりとしたときには, やはりもう 1 つ注意しておきたいことがある. それは α と β の極形式による表示の方を注目するときには

 '$\alpha = \beta$ ということは, $|\alpha| = |\beta|$, $\arg \alpha = \arg \beta$ (2π の倍数を除いて) が成り立つことである'
といういい方の方が応用の広いときがあるということである.

たとえば
$$\eta = \frac{1 + \sqrt{3}\,i}{2}$$
とおくと, $|\eta| = 1$ で $\arg \eta = \dfrac{\pi}{3}$ である. いま
$$\frac{\alpha}{\beta} = \eta \qquad (*)$$
をみたす α, β の関係を調べたいとする. このとき上の結果によれば,
$$\frac{|\alpha|}{|\beta|} = |\eta| = 1, \quad \arg \alpha - \arg \beta = \frac{\pi}{3}$$
である. したがって, α と β を表わすベクトル $\overrightarrow{\mathrm{OP}}$ と

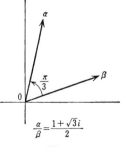

図 25

34   第5講 複素数の乗法

$\overrightarrow{\mathrm{OQ}}$ は，頂角が $\frac{\pi}{3}$ $(= 60°!)$ の二等辺三角形——正三角形——の2辺をつくって
いる (図25参照)．(もちろん，α, β は一意的には決まらない．0でない複素数 γ
をとって，α の代りに $\alpha\gamma$，β の代りに $\beta\gamma$ をとっても，やはり (∗) は成り立つか
らである．)

　この結論を，(∗) の実数部分，虚数部分から導くことは容易なことではない．こ
のようなことからも，複素数というのは，単に，実数部分，虚数部分の対として
表わされる数であるという見方にあまり固執しすぎるのは，適当でないことがわ
かるだろう．

第 **6** 講

複 素 数 と 図 形

> ── テーマ ──
> ◆ 図形の条件の複素数による表示
> ◆ 複素数 α, β, γ が一直線上にある条件
> ◆ 2 つの線分が垂直となる条件
> ◆ 2 つの三角形が相似となる条件
> ◆ 4 点が同一円周上,または同一直線上にある条件

複素数と平面上の図形

　平面上のいろいろな図形の性質は,この平面を複素平面と考えると,複素数の間の関係式によっていい表わされることが多い.複素数の取扱いになれるために,この講では,この種の話題を少し集めてみよう.記号を簡単にするために,複素数を複素平面上の点と同一視して,たとえば $\overrightarrow{\alpha\beta}$ とかくときには,複素数 α を表わす点から β を表わす点へ引いたベクトルを表わすとする.このベクトルは,複素数 $\beta - \alpha$ を表わしていることを思い出しておこう.

　また複素数 $\delta\ (\neq 0)$ に対し

$$\delta \text{ が実数} \iff \arg\delta = 0 \text{ または } \pi$$
$$\delta \text{ が純虚数} \iff \arg\delta = \frac{\pi}{2} \text{ または } \frac{3}{2}\pi$$

が成り立つことを注意しておこう.(右辺は $\pm 2n\pi\ (n = 1, 2, \ldots)$ を加えてもよい.)

3 点が一直線上にある条件

　平面上の相異なる 3 点を表わす複素数を α, β, γ とする.このとき

$$\alpha, \beta, \gamma \text{ が一直線上にある} \iff \frac{\beta - \alpha}{\gamma - \alpha} \text{ が実数}$$

が成り立つ．

【証明】 α, β, γ が一直線上に並ぶ条件は，$\overrightarrow{\alpha\gamma}$ が，$\overrightarrow{\alpha\beta}$ の延長上にあるか，あるいは $\overrightarrow{\alpha\beta}$ の向きを逆にした方向にあるかのいずれかである．前の場合は

$$\arg(\beta - \alpha) = \arg(\gamma - \alpha)$$

が成り立つときであるし，あとの場合は

$$\arg(\beta - \alpha) = \arg(\gamma - \alpha) + \pi$$

が成り立つときである．いずれの場合も

$$\arg \frac{\beta - \alpha}{\gamma - \alpha} \text{ は } 0 \text{ か } \pi$$

であって，このことは複素数 $\frac{\beta - \alpha}{\gamma - \alpha}$ が実数となることと同値である． ∎

2つの線分が垂直となる条件

点 α を始点とする2つの線分を $\overrightarrow{\alpha\beta}, \overrightarrow{\alpha\gamma}$ とする．このとき

$$\overrightarrow{\alpha\beta} \perp \overrightarrow{\alpha\gamma} \iff \frac{\beta - \alpha}{\gamma - \alpha} \text{ が純虚数}$$

【証明】 $\overrightarrow{\alpha\beta}$ と $\overrightarrow{\alpha\gamma}$ が垂直に交わる条件は，$\overrightarrow{\alpha\gamma}$ と $\overrightarrow{\alpha\beta}$ のなす角が $\frac{\pi}{2}$ か $\frac{3}{2}\pi$ となることで与えられる (図26 参照)．このことは，

$$\arg(\beta - \alpha) = \arg(\gamma - \alpha) + \frac{\pi}{2}$$

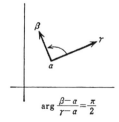
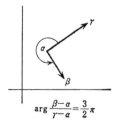

図 26

または
$$\arg(\beta - \alpha) = \arg(\gamma - \alpha) + \frac{3}{2}\pi$$
が成り立つことである．

このどちらの条件も，複素数
$$\frac{\beta - \alpha}{\gamma - \alpha}$$
が純虚数であることと同値である． ∎

2つの三角形が相似となる条件

相異なる3点 α, β, γ および α', β', γ' が与えられると，$\triangle\alpha\beta\gamma$, $\triangle\alpha'\beta'\gamma'$ を考えることができる．このとき

$$\triangle\alpha\beta\gamma \backsim \triangle\alpha'\beta'\gamma' \iff \frac{\beta - \alpha}{\gamma - \alpha} = \frac{\beta' - \alpha'}{\gamma' - \alpha'} \qquad (1)$$

が成り立つ．

【証明】 $\triangle\alpha\beta\gamma$ において，点 α を通る2辺は
$$\beta - \alpha, \quad \gamma - \alpha$$
であり，$\triangle\alpha'\beta'\gamma'$ において，点 α' を通る2辺は
$$\beta' - \alpha', \quad \gamma' - \alpha'$$

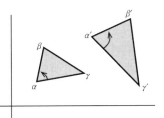

図 27

である．相似となる条件は，2辺の比と夾角が等しい，すなわち
$$\begin{cases} |\beta - \alpha| : |\gamma - \alpha| = |\beta' - \alpha'| : |\gamma' - \alpha'| \\ \arg(\beta - \alpha) - \arg(\gamma - \alpha) = \arg(\beta' - \alpha') - \arg(\gamma' - \alpha') \end{cases}$$
が成り立つことである．

この条件はちょうど
$$\frac{\beta - \alpha}{\gamma - \alpha} = \frac{\beta' - \alpha'}{\gamma' - \alpha'}$$
が成り立つ条件となっている (前講, Tea Time 参照)．これで証明された． ∎

この系として

$$\triangle\alpha\beta\gamma \text{ は正三角形} \iff \alpha^2+\beta^2+\gamma^2-\beta\gamma-\gamma\alpha-\alpha\beta=0$$

【証明】 $\triangle\alpha\beta\gamma$ が正三角形になる条件は

$$\triangle\alpha\beta\gamma \backsim \triangle\beta\gamma\alpha \tag{2}$$

で与えられることに注意すると，(1) の結果がそのまま使えるのである．実際 (2) は，α における頂角と，β における頂角と，γ における頂角が一致することを示している．

さて，(1) の結果を (2) に用いてみると，$\triangle\alpha\beta\gamma$ が正三角形になる条件は

$$\frac{\beta-\alpha}{\gamma-\alpha}=\frac{\gamma-\beta}{\alpha-\beta}$$

で与えられることがわかる．この式を分母をはらってかき直すと

$$\alpha^2+\beta^2+\gamma^2-\beta\gamma-\gamma\alpha-\alpha\beta=0$$

となる． ■

4 点が同一円周上，または同一直線上に並ぶ条件

4 つの異なる点 $\alpha,\beta,\gamma,\delta$ が同一円周上，または同一直線上に並ぶ条件をかき表わしてみよう．

いま，$\alpha,\beta,\gamma,\delta$ のどの 3 点も同一直線上にはないとしよう．このとき，$\alpha,\beta,\gamma,\delta$ が同一円周上に並ぶ条件は，$\alpha,\beta,\gamma,\delta$ の配列の仕方によって，2 通りの場合にわけて述べられる．

(i) $\overrightarrow{\alpha\beta}$ を延長して得られる直線上の一方の側に γ,δ があるとき．

このとき，同一円周上にある条件は，γ,δ から α,β を見こむ角 $\angle\gamma,\angle\delta$ が等しい (円周角が等しい) ことで与えられる：$\angle\gamma=\angle\delta$．

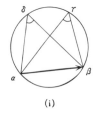 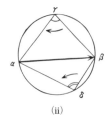

(i)　　　　(ii)

図 28

(ii) $\overrightarrow{\alpha\beta}$ を延長して得られる直線の両側に，γ と δ がわかれているとき．

このとき同一円周上にある条件は

$$\angle r + \angle \delta = \pi$$

で与えられる．

(i) の場合は
$$\arg \frac{\alpha - \gamma}{\beta - \gamma} = \arg \frac{\alpha - \delta}{\beta - \delta} \tag{3}$$
が成り立つとき，すなわち
$$\arg \left(\frac{\alpha - \gamma}{\beta - \gamma} \Big/ \frac{\alpha - \delta}{\beta - \delta} \right) = 0 \tag{4}$$
が成り立つときである．逆にこの関係が成り立っていれば，γ, δ は $\overrightarrow{\alpha\beta}$ の一方の側にあって，(i) が成り立つことは容易に確かめられる．(もし γ, δ が $\overrightarrow{\alpha\beta}$ の両側にわかれていると，(3) の両辺は互いに符号が異なることになる！)

(ii) の場合は，$\arg \frac{\alpha - \gamma}{\beta - \gamma}$, $\arg \frac{\alpha - \delta}{\beta - \delta}$ は，それぞれ $\overrightarrow{\gamma\beta}$ から $\overrightarrow{\gamma\alpha}$ へ向かう向きと，$\overrightarrow{\delta\beta}$ から $\overrightarrow{\delta\alpha}$ へ向かう向きを考慮していることを注意しよう．この 2 つの偏角は，符号が逆になっている．したがって
$$\angle \gamma + \angle \delta = \pi$$
という条件は
$$\arg \frac{\alpha - \gamma}{\beta - \gamma} - \arg \frac{\alpha - \delta}{\beta - \delta} = \pm \pi \tag{5}$$
と表わされる．

(4) と (5) はまとめて
$$\frac{\alpha - \gamma}{\beta - \gamma} \Big/ \frac{\alpha - \delta}{\beta - \delta} \text{ は実数} \tag{6}$$
といい表わせる．

逆に，$\alpha, \beta, \gamma, \delta$ のどの 3 点も 1 直線上になく，条件 (6) をみたしていれば，いまの議論を逆にたどることにより，$\alpha, \beta, \gamma, \delta$ は同一円周上にあることがわかる．

次に，少なくとも 3 点が同一直線上にあるときを考えてみよう．この場合，上の条件 (6) が成り立っていると，円がつぶれた場合になって，他の 1 点もこの直

図 29

線上にあることがわかる．逆に，4点が1直線上にのっていれば条件 (6) が成り立つことは，図 29 を参照すれば明らかであろう．

これで結局，次の命題が示されたことになる．

> 相異なる 4 点 $\alpha, \beta, \gamma, \delta$ が同一円周上，または同一直線上にある条件は
> $$\frac{\alpha-\gamma}{\beta-\gamma} \bigg/ \frac{\alpha-\delta}{\beta-\delta} \text{ が実数}$$
> で与えられる．

Tea Time

質問 △$\alpha\beta\gamma$ が正三角形になる条件は $\alpha^2 + \beta^2 + \gamma^2 - \beta\gamma - \gamma\alpha - \alpha\beta = 0$ で与えられるということを見て思ったのですが，この条件は
$$(\alpha-\beta)^2 + (\beta-\gamma)^2 + (\gamma-\alpha)^2 = 0$$
とかいてもよいわけです．実数のときには，この関係から，$\alpha = \beta$, $\beta = \gamma$, $\gamma = \alpha$, すなわち $\alpha = \beta = \gamma$ が得られたのですが，複素数になると 2 乗の和が 0 であっても，各項が 0 とは限らないのですね．

答 その通りであって，一番簡単な例は，$\alpha = 1$, $\beta = i$ のとき，$\alpha^2 + \beta^2 = 1 + i^2 = 0$ で与えられる．実際，複素数の中で考えれば $\alpha^2 + \beta^2 = (\alpha + i\beta)(\alpha - i\beta)$ と因数分解されるから，$\alpha^2 + \beta^2 = 0$ という関係は，$\alpha = -i\beta$, $\alpha = i\beta$ という関係と同値になる．すなわち任意の複素数 β に対して，$\alpha^2 + \beta^2 = 0$ をみたす α は，$\beta \neq 0$ のとき，つねに 2 つあるのである．

このように説明してみると，ごく当り前のことであるが，私たちは実数の扱いになれすぎているので，実数のときの考えで複素数を理解しようとして不思議に思うこともある．このような点に注意を喚起しておいてもらいたいので，もう 1 つ例をあげておこう．関係式
$$\alpha^2 + \beta^2 = 1$$
は，α と β が実数ならば，座標 (α, β) をもつ点は，2 次元の実平面で，原点中心，

半径 1 の円周を表わしている．しかし，α, β が複素数ならば，事情はまったく変わってくる．それを見るために，2 つの複素数 γ, δ を

$$\alpha = \gamma + \delta, \quad \beta = i(\gamma - \delta)$$

すなわち

$$\gamma = \frac{1}{2}(\alpha - i\beta), \quad \delta = \frac{1}{2}(\alpha + i\beta)$$

によって導入して，変数変換する．このとき

$$\alpha^2 + \beta^2 = (\gamma + \delta)^2 - (\gamma - \delta)^2 = 4\gamma\delta$$

となるから，$\alpha^2 + \beta^2 = 1$ という関係は

$$\delta = \frac{1}{4\gamma}$$

という関係におき直される．すなわち $\gamma \neq 0$ に対して，複素数 δ がただ 1 つ決まるという関係になるのである．

　ここでも注意深い人は，実数のとき，たとえば $\alpha = \frac{1}{2}$ のとき，β は $\pm\frac{\sqrt{3}}{2}$ と 2 つ決まったのに，複素数 δ が γ によってただ 1 つ決まるというのはおかしいと思うかもしれない．しかし，これは $\alpha^2 + \beta^2 = 1$ をみたす α と β が対になって，複素数 γ, δ を決めていることによっている．実際，

$\alpha = \frac{1}{2}, \ \beta = \frac{\sqrt{3}}{2}$ のときには

$$\begin{cases} \gamma = \frac{1}{2}\left(\frac{1}{2} - i\frac{\sqrt{3}}{2}\right) \\ \delta = \frac{1}{2}\left(\frac{1}{2} + i\frac{\sqrt{3}}{2}\right) \end{cases}$$

$\alpha = \frac{1}{2}, \ \beta = -\frac{\sqrt{3}}{2}$ のときには

$$\begin{cases} \gamma = \frac{1}{2}\left(\frac{1}{2} + i\frac{\sqrt{3}}{2}\right) \\ \delta = \frac{1}{2}\left(\frac{1}{2} - i\frac{\sqrt{3}}{2}\right) \end{cases}$$

第 **7** 講

単位円周上の複素数

テーマ
◆ 単位円と単位円周
◆ 単位円周上の z に対し，z^n は，$\arg z$ だけ n 回 z を回転したところにある．
◆ $z^n = 1$ の解
◆ 複素数 z と $e^{i\theta}$ の積——θ だけの回転
◆ 写像 $z \to z^2$

単 位 円

複素平面上で，原点中心，半径 1 の円を単位円という．単位円は

$$\{z \mid |z| \leqq 1\}$$

または

$$\{re^{i\theta} \mid 0 \leqq r \leqq 1,\ 0 \leqq \theta < 2\pi\}$$

と表わされる．

単 位 円 周

単位円の周上の点は

$$e^{i\theta} = \cos\theta + i\sin\theta$$

と表わされる．1 は単位円周上にあって偏角 0 であり，したがって，$1 = e^{i0}$ である．1 から出発して $\dfrac{\pi}{2}$ だけまわって

$$e^{i\frac{\pi}{2}} = i$$

に到着する．さらに $\dfrac{\pi}{2}$ だけまわって

$$e^{i\pi} = -1$$

さらに $\frac{\pi}{2}$ だけまわって
$$e^{i\frac{3}{2}\pi} = -i$$
となっている.

単位円周上の複素数と回転

次のことは,積の定義から明らかである.

> 単位円周上にある2つの複素数 $e^{i\theta}$, $e^{i\theta_1}$ の積は $e^{i(\theta+\theta_1)}$ であり,これは再び単位円周上にある.

図30からも明らかなように,単位円周上にある複素数 $e^{i\theta}$, $e^{i\theta_1}$ の積は,角 θ, θ_1 の回転を繰り返して行なうと見た方がわかりやすいのである.

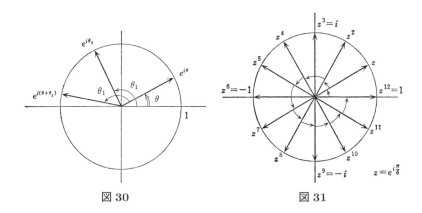

図 30　　　　　図 31

たとえば1から出発して,θ だけの回転を繰り返して行なっていくことは,$e^{i\theta}$ のベキをとっていく操作

$$1 \underset{\theta\text{-回転}}{\longrightarrow} e^{i\theta} \underset{\theta\text{-回転}}{\longrightarrow} e^{i2\theta} \underset{\theta\text{-回転}}{\longrightarrow} e^{i3\theta} \underset{\theta\text{-回転}}{\longrightarrow} e^{i4\theta} \longrightarrow \cdots$$

に対応している.

図31では
$$z = e^{i\frac{\pi}{6}}$$
に対して,$z^2, z^3, \ldots, z^{11}, z^{12}$ がどこにあるかを示している.この図を見ると

44　　第 7 講　単位円周上の複素数

$$z^{12} = 1$$

となっている.

$z^n = 1$ の解

さて,

$$z^{12} = 1 \tag{1}$$

は, z を未知数とする 12 次の代数方程式と見ることができる. 上で示したことは, いいかえると

$$z = e^{i\frac{\pi}{6}}$$

が, この方程式の 1 つの解であるということである. ところが, 図 31 で $z^2, z^3,$ $\ldots, z^{11}$ も, 方程式 (1) の解となっている. たとえば $\tilde{z} = z^5 \left(= e^{i\frac{5}{6}\pi}\right)$ とすると

$$\tilde{z}^{12} = \left(z^5\right)^{12} = \left(z^{12}\right)^5 = 1$$

となるからである. このようにして, 12 次の方程式 (1) の 12 個の解が

$$1, \quad e^{i\frac{\pi}{6}}, \quad e^{i\frac{2\pi}{6}}, \quad e^{i\frac{3\pi}{6}}, \quad \ldots, \quad e^{i\frac{10}{6}\pi}, \quad e^{i\frac{11}{6}\pi} \tag{2}$$

で与えられることがわかった.

もっとも, これらの点が全円周 2π の 12 等分を与えていること, すなわち角でいえば $2\pi, 2\pi\frac{1}{12}, 2\pi\frac{2}{12}, 2\pi\frac{3}{12}, \ldots$ のところにあることを明示したいときには, (2) を

$$1, \quad e^{2\pi i\frac{1}{12}}, \quad e^{2\pi i\frac{2}{12}}, \quad e^{2\pi i\frac{3}{12}}, \quad \ldots, \quad e^{2\pi i\frac{10}{12}}, \quad e^{2\pi i\frac{11}{12}}$$

とかいた方がよいかもしれない.

このことから容易に類推されるように, 一般に自然数 n に対して, n 次の代数方程式

$$z^n = 1$$

を考えると, この解は n 個あって, それらは単位円周 2π の n 等分点を与える点として

$$1, \quad e^{2\pi i\frac{1}{n}}, \quad e^{2\pi i\frac{2}{n}}, \quad e^{2\pi i\frac{3}{n}}, \quad \ldots, \quad e^{2\pi i\frac{n-1}{n}}$$

で与えられる. これらの解は, 単位円周上に $z = 1$ を 1 つの頂点とする正 n 角形の頂点として並んでいる.

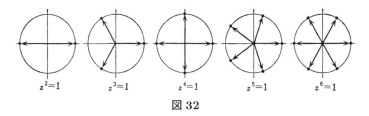

図 32

図 32 で,$n = 2, 3, 4, 5, 6$ の場合に $z^n = 1$ の解を図示しておいた.特に $z^3 = 1$ の解は,$z = 1$ 以外に

$$\omega = e^{i\frac{2\pi}{3}} = \frac{-1}{2} + i\frac{\sqrt{3}}{2}$$

と

$$\omega^2 = e^{i\frac{4\pi}{3}} = \frac{-1}{2} - i\frac{\sqrt{3}}{2}$$

とで与えられている.

複素数 z と $e^{i\theta}$ との積

複素数 z に対して,$e^{i\theta}z$ を対応させる対応は,複素平面上では,原点を中心として角 θ だけの回転をすることを意味している (図 33 参照).

実際 $|e^{i\theta}z| = |e^{i\theta}||z| = |z|$ から,$e^{i\theta}z$ と z は原点から等距離にあり,偏角は

$$\arg(e^{i\theta}z) = \arg e^{i\theta} + \arg z$$
$$= \theta + \arg z$$

となるからである.

このように,原点中心の回転という幾何学的なことが,複素平面上では,$e^{i\theta}$ をかけるという演算で表わされるところに,複素数のもつ 1 つの特徴的な性質がある.

写像 $z \to z^2$

この講のテーマとは多少はずれるかもしれないが,複素数 z に対して z^2 を対応させる

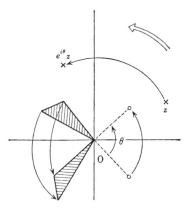

原点 O を中心とする角 θ の回転

図 33

対応はどのように記述されるかを考えてみよう.

まず $|z|=1$ のときを考えよう. $z=e^{i\theta}$ とおくと $z^2=e^{2i\theta}$ である. したがって z が単位円周上で偏角 θ のところにあると, z^2 は同じ単位円周上の偏角 2θ のところにある. したがって z が 1 から -1 まで, 単位円周上を半回転 (角 π だけの回転) したとき, z^2 は単位円周上を 1 回転 (角 2π だけの回転) して, もとへ戻っている. z が -1 から 1 へと, 単位円周上の下半分をまわっている間に, z^2 は単位円周上をもう 1 回転する. すなわち, z が単位円周を 1 回転するときに, z^2 の方は 2 倍の速さで単位円周上をまわって, 結局 2 回転してしまう.

この状況は, (進む向きは負の向きとなるが) まず 3 時の場所に時計の長針と短針を重ね合せておき, 次に短針 z が 1 回転するとき, 長針 z^2 の方が 2 回転するような時計の 2 つの針の動きに似ている. (実際の時計は, 短針が 1 回転する間に, 長針は 12 回転する. これは $z \to z^{12}$ という写像で, $|z|=1$ で, z が負の向きにまわり出したとき (短針!), z^{12} がどのように動くか (長針!) を示していると見るとよいのである!)

一般の z に対して, $z \to z^2$ という対応は, $z=re^{i\theta}$ に対して $z^2=r^2e^{i2\theta}$ を対応させることになる. したがって, たとえば z が原点中心, 半径 $\frac{1}{2}$ の円周 $C_{\frac{1}{2}}$ 上 ($r=\frac{1}{2}$!) にあるとき, z^2 は原点中心, 半径 $\frac{1}{4}$ の円周 $C_{\frac{1}{4}}$ の上にあって, z が $C_{\frac{1}{2}}$ 上を 1 周するとき, z^2 は $C_{\frac{1}{4}}$ 上を 2 倍の速さでまわって, 2 周することになる. 一般に, 原点中心, 半径 r の円周を C_r で表わすと, $z \to z^2$ という対応で

$$C_r \longrightarrow C_{r^2}$$

へとうつり, z が C_r を 1 周するとき, z^2 は C_{r^2} を 2 周することになる.

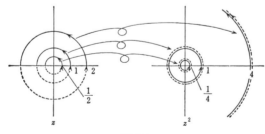

図 34

Tea Time

質問 複素数 z に対して z^2 がどのように対応しているか，ここではじめて知りました．ここでのお話をお聞きするまでは，何か放物線のようなものがでてくるのだろうと思っていました．ところが図 34 を見ると，放物線など現われなくて，ぐるぐるとまわる円周の点の動きだけが示されています．いったい，放物線はどこへいったのでしょうか．

答 実にもっともな疑問である．私たちは実数の範囲で考えるとき，$y = x^2$ のグラフは原点を通る放物線であることを知っている．いや，知りすぎるほど知っているといってよいのである．しかし，複素数 $w = z^2$ の対応を図示するときには，放物線は図の上に現われてこない．実数は複素数の一部分だったのに，なぜここに放物線がでてこなかったのかというような，納得のいかない気分が残っていると，複素数に近づく道がしだいに遠ざかっていくことになる．

しかし講義の中で述べた説明をよく読んでみると，$y = x^2$ という放物線の対応は，図示はされていないが，ちゃんと残されている．それは時計の針のたとえでいえば，短針と，(短針 1 回転に対して 2 回転する) 長針の長さでいい表わされている．短針 z の長さが $1, 2, 3, 4, \ldots$ となると，対応する長針 z^2 の長さは $1, 4, 9, 16, \ldots$ となる．だから，短針の長さに対して長針の長さがどうなるかだけを取り出してかくと，$y = x^2$ のグラフとなるのである．そしてそれが，$w = z^2$ における実軸から実軸 ($\geqq 0$) への対応となっている．

しかし，複素平面の中で，実軸はただ一本の直線として含まれているだけだから，この実軸の対応に注目するよりは，平面上の点の動きとして，z が円周上をまわるときどうなるかを調べる方に重点がうつる．したがって $z \to z^2$ を 2 つの複素平面を用いて図示するとき，放物線はひとまず視界から消えるのである．

第 **8** 講

1 次 関 数

```
─ テーマ ────────────────────────
◆ 1 次関数
◆ 1 次関数の分解
◆ 円々対応の原理
◆ 直線の方程式
◆ 円の方程式
◆ 対応 $w = \dfrac{1}{z}$
────────────────────────────
```

1 次 関 数

この講では,

$$w = \frac{\alpha z + \beta}{\gamma z + \delta} \quad (\alpha\delta - \beta\gamma \neq 0) \tag{1}$$

という式で与えられる z から w への対応について調べることにする. このような式で与えられる関数を, 1 次関数, または 1 次分数関数という.

注意 1 次分数関数というよび名はよいとしても, 1 次関数といういい方には, 多少抵抗があるかもしれないが, これは慣用なのである. (1) を z-平面から w-平面への変換と考えて 1 次変換といういい方もよく用いられている.

複素数を変数として複素数の値をとる関数についての一般的な取扱いは, 第 12 講で与えるが, ここではその最も基本的な例として, 式 (1) で与えられる関数を考えることにする. 変数 z がいろいろな値をとるとき, w の変化の模様を調べるのであるが, このようなときには, 複素平面を 2 つ用意して, 1 つの複素平面 (z-平面!) 上を変数 z が動くとき, 対応する w の値が, もう 1 つの複素平面 (w-平面!) 上をどのように動くかを考えることにする.

1 次関数の分解

1 次関数 (1) を $\gamma = 0$ の場合と，$\gamma \neq 0$ の場合にわけて変形すると次のようになる．

(i)　$\gamma = 0$ のとき．

このとき条件 $\alpha\delta - \beta\gamma \neq 0$ により，$\delta \neq 0$ であることを注意しよう．したがって

$$w = \frac{\alpha z + \beta}{\delta} = \frac{\alpha}{\delta}z + \frac{\beta}{\delta} \tag{2}$$

(ii)　$\gamma \neq 0$ のとき．

$$\begin{aligned} w &= \frac{1}{\gamma}\frac{\alpha(\gamma z + \delta) + (\beta\gamma - \alpha\delta)}{\gamma z + \delta} \\ &= \frac{\alpha}{\gamma} + \frac{1}{\gamma z + \delta}\frac{\beta\gamma - \alpha\delta}{\gamma} \end{aligned} \tag{3}$$

(2) と (3) は，1 次関数 (1) が次の形の関数から組み立てられている——合成されている——ことを示している．

(I)　$w = Az \quad (A \neq 0)$

(II)　$w = z + B$

(III)　$w = \dfrac{1}{z}$

ここで A, B は複素数の定数であり，また (III) の関数が定義されているのは $z \neq 0$ のところである．

実際 (i) の場合は

$$z_1 = \frac{\alpha}{\delta}z \qquad \text{((I) の形の関数)}$$
$$w = z_1 + \frac{\beta}{\delta} \qquad \text{((II) の形の関数)}$$

とおくと，(2) から，対応 (1) は合成写像

$$z \longrightarrow z_1 \longrightarrow w$$

に分解されることがわかる．

(ii) の場合は，(3) を見ながら順次

$$z_1 = \gamma z \qquad \text{((I) の形の関数)}$$

50　第8講　1 次 関 数

$$z_2 = z_1 + \delta \qquad \text{((II) の形の関数)}$$

$$z_3 = \frac{1}{z_2} \qquad \text{((III) の形の関数)}$$

$$z_4 = \frac{\beta\gamma - \alpha\delta}{\gamma} z_3 \quad \text{((I) の形の関数)}$$

$$w = z_4 + \frac{\alpha}{\gamma} \qquad \text{((II) の形の関数)}$$

とおくと，対応 (1) は合成写像

$$z \longrightarrow z_1 \longrightarrow z_2 \longrightarrow z_3 \longrightarrow z_4 \longrightarrow w$$

に分解されることがわかる．

円々対応の原理

次の結果は，円々対応の原理とよばれている．

---

1 次関数
$$w = \frac{\alpha z + \beta}{\gamma z + \delta} \quad (\alpha\delta - \beta\gamma \neq 0)$$
によって，z-平面上の円または直線は，w-平面上の円または直線に
うつる．

　ここで述べていることは誤解を招きやすい．結論を正確に述べると，z-平面の
円は，w-平面の円または直線にうつるし，また z-平面の直線も，w-平面の円また
は直線にうつるということである．

　円が直線にうつることもあるのに，なぜ円々対応というのかという素朴な疑問
が当然出ると思う．実際は直線も円の特別なものであるという見方がある．それ
については次講で詳しく述べるが，それを認めた上では，広い意味で，1 次関数
は，円を円に対応させているといってよいのである．

　さて，この円々対応の原理を示すには，前節の (I), (II), (III) の形の関数に対
して，円々対応の原理が成り立つことを示すとよい．なぜなら，このそれぞれに
対して，つねに円々対応の原理が成り立てば，これらを合成して得られる一般の
1 次関数に対しても，当然円々対応の原理が成り立つからである．

　したがって，これから，(I), (II), (III) の形の写像の性質を調べ，円々対応の原

理が実際成り立っていることを確かめていくことにしよう．

写像 $w = Az$ $(A \neq 0)$

A と z をそれぞれ極形式で表わして
$$A = Re^{i\Theta}, \quad z = re^{i\theta}$$
とする．$R\,(>0)$ も Θ も定数である．このとき $w = Az$ は
$$z \xrightarrow{\times e^{i\Theta}} e^{i\Theta}z \xrightarrow{\times R} Re^{i\Theta}z = Rre^{i(\theta+\Theta)} = w$$
と表わされる．

すなわち，z はまず $e^{i\Theta}$ をかけることによって，原点中心の角 Θ だけの回転をうけ，次に R をかけることによって，拡大 ($R \geqq 1$ のとき)，または縮小 ($R < 1$ のとき) される．

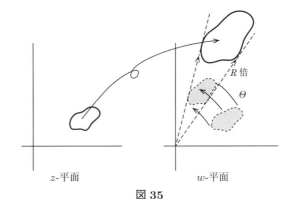

図 35

したがって，z-平面の任意の図形は，$w = Az\,(A \neq 0)$ という写像によって，原点中心の角 Θ の回転をうけ，さらに相似比 R で拡大 ($R \geqq 1$ のとき)，または縮小 ($R < 1$ のとき) される．

回転と相似写像によって，円は円に，直線は直線にうつるから，この場合，円々対応の原理は成り立つ．

写像 $w = z + B$

$w = z + B$ という関数は，z をベクトル B だけ平行移動すると w が得られるという関係を示している．このことは加法の定義から明らかであるが，念のため記しておくと，$z = x + iy$, $B = b_1 + ib_2$ とすると，w の実数部分，虚数部分はそれぞれ $x + b_1$, $y + b_2$ となり，複素平面上に図示してみると，w は，z をベクトル B だけ動かしたところにあることがわかる．

平行移動によって，円は円に直線は直線にうつるから，この場合，円々対応の原理は成り立っている．

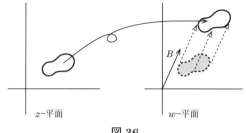

図 36

直線の式と円の方程式

残った 1 つの場合，すなわち関数
$$w = \frac{1}{z}$$
に対して，円々対応の原理が成り立つかどうかをみるためには，複素平面上の直線の式と円の方程式を，複素数 z と共役複素数 $\bar{z}$ を用いて表わしておく必要がある．

複素平面上の点 $z = x + iy$ を，実数部分 x，虚数部分 y によって，2 次元の実座標平面の点 (x, y) と同一視しておくと，直線の式は x, y によって
$$ax + by + c = 0 \tag{4}$$
と表わされる．また円の方程式は
$$x^2 + y^2 + 2ax + 2by + c = 0 \tag{5}$$
と表わされる．

ただしこの円の方程式 (5) は
$$(x + a)^2 + (y + b)^2 = a^2 + b^2 - c$$
とかき直してみるとわかるように，
$$a^2 + b^2 - c > 0 \tag{6}$$
という条件が，半径が正であるという条件を表わすために必要であることがわかる．

さて，この関係を複素平面 (z-平面！) 上の点の関係として z と $\bar{z}$ を用いて表わすためには，関係
$$x = \frac{z + \bar{z}}{2}, \quad y = \frac{z - \bar{z}}{2i} = -i\frac{z - \bar{z}}{2} \tag{7}$$
を用いるとよい．このとき直線の式 (4) は

$$a\frac{z+\bar{z}}{2} - ib\frac{z-\bar{z}}{2} + c = 0$$

$$\left(\frac{a}{2} - i\frac{b}{2}\right)z + \left(\frac{a}{2} + i\frac{b}{2}\right)\bar{z} + c = 0$$

となる．したがって $A = \frac{a}{2} - i\frac{b}{2}$ とおくと，$\bar{A} = \frac{a}{2} + i\frac{b}{2}$ だから，

$$\boxed{\text{直線の式}: Az + \bar{A}\bar{z} + c = 0, \quad c \text{ は実数} \qquad (8)}$$

が得られた．

同様に (7) を円の方程式 (5) に代入して，$z\bar{z} = x^2 + y^2$ に注意すると

$$z\bar{z} + (a - ib)z + (a + ib)\bar{z} + c = 0$$

したがって，$A = a - ib$ とおき，付帯条件 (6) はこのとき $A\bar{A} - c > 0$ とかき直されることを注意すると，結局

$$\boxed{\begin{array}{c} \text{円の方程式}: z\bar{z} + Az + \bar{A}\bar{z} + c = 0, \quad c \text{ は実数} \qquad (9) \\ A\bar{A} - c > 0 \end{array}}$$

が得られた．

写像 $w = \dfrac{1}{z}$

$w = \dfrac{1}{z}$ という対応によって，直線の式 (8) は，w-平面上では

$$A\frac{1}{w} + \bar{A}\frac{1}{\bar{w}} + c = 0, \quad c \text{ は実数}$$

すなわち

$$cw\bar{w} + \bar{A}w + A\bar{w} = 0, \quad c \text{ は実数} \qquad (10)$$

という関係式へとうつされる．

ここで，$c = 0$ ならば (10) は原点を通る直線の式を表わしている．

また $c \neq 0$ ならば，(8) から $A \neq 0$ である．そこで $B = \dfrac{\bar{A}}{c}$ とおくと (10) は

$$w\bar{w} + Bw + \bar{B}\bar{w} = 0$$

となり，$B\bar{B} > 0$ だから，これは円の方程式を表わしている．実際は原点を通る円の方程式となっている．

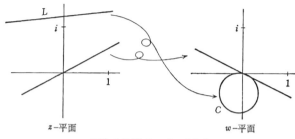

直線 L は円 C へうつされる

図 37

直線の式 (8) で

$c = 0 \iff$ 原点を通る直線

$c \neq 0 \iff$ 原点を通らない直線

を注意すると，まず次のことが示されたことになる.

> $w = \dfrac{1}{z}$ によって：z-平面上の原点を通る直線は，w-平面上の原点を通る直線にうつる. 原点を通らない直線は円にうつる.

次に円の方程式 (9) が，w-平面上のどのような関係式へとうつされるかをみてみよう. それには (9) で $z = \dfrac{1}{w}$ を代入するとよい. 結果を整理してかくと

$$cw\bar{w} + \bar{A}w + A\bar{w} + 1 = 0$$

となる.

$c = 0$ のとき，これは直線の式である.

$c \neq 0$ のときには $B = \dfrac{\bar{A}}{c}$ とおくと

$$w\bar{w} + Bw + \bar{B}\bar{w} + \dfrac{1}{c} = 0$$

となり，$B\bar{B} - \dfrac{1}{c} = \dfrac{1}{c^2}(A\bar{A} - c) > 0$ をみたしている. したがってこれは円の方程式である.

円の方程式 (9) で

$c = 0 \iff$ 原点を通る円

$c \neq 0 \iff$ 原点を通らない円

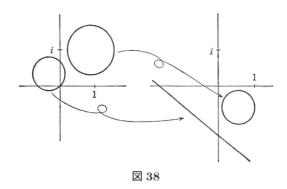

図 38

を注意すると,結局次のことが示されたことになる.

> $w = \dfrac{1}{z}$ によって：z-平面上の原点を通る円は,w-平面上
> の直線へとうつる.
> 原点を通らない円は円にうつる.

これで関数 $w = \dfrac{1}{z}$ に対しても円々対応の原理が成り立つことがわかった.

これでこの節の主題であった1次関数による円々対応の原理が完全に証明されたことになる.

Tea Time

質問 $w = \frac{1}{z}$ という対応で,円は円または直線にうつるといっても,ここで証明されたことは,円周は円周または直線にうつるということだったと思います.円周で囲まれた円の内部はどこにうつされているのでしょうか.

答 3つの場合がある.

(i) $z = 0$ が円の外部にあるとき.

このときは図 39 で示した

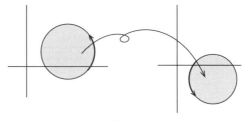

図 39

ように，円周で囲まれた部分の内部は，$w = \frac{1}{z}$ によって，w-平面上でやはり円周で囲まれた部分の内部にうつる．同時に，円の外部は円の外部へとうつっている．

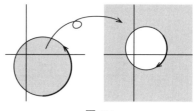

図 40

(ii) $z = 0$ が円の内部に含まれているとき．

このときは図 40 で示したように，z が円周を正の向きにまわると，w は対応する円周上を負の向きにまわる．このときには，z-平面での円の内部は，w-平面では円の外部へとうつる．z-平面で円の内部にある $z = 0$ に z が近づくと，対応する w は，$|w|$ がどんどん大きくなって，究極的に $z = 0$ に対応する点は，w-平面上で見失ってしまう．

(iii) $z = 0$ が円周上にある場合．

このときは，円周は w-平面上の直線にうつっている．円の内部は，図 41 で示してあるように直線の一方の側へとうつる．

このような対応関係を調べるには，$w = \frac{1}{z}$ という対応によって，$z = 0$ に対応する点が，$|w| \to \infty$ となるはて

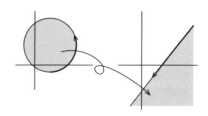

図 41

に，1 点存在していると考えるとわかりやすいのである．複素平面に，このような'無限遠点'をつけ加える考えについては次講で述べよう．

第 **9** 講

リーマン球面

テーマ

◆ リーマン球面
◆ 立体射影
◆ 無限遠点——リーマン球面上の北極
◆ ∞ の演算規則
◆ リーマン球面上の座標と複素数の対応

回転と球面

　複素数の乗法が，平面の回転という性質と密接に結びついていることがしだい
に明らかとなってくると，複素平面上で，点が原点のまわりを回転しているよう
な描像がごく自然に得られてくる.

　しかし，このような描像は，実数の場合の 2 次元の座標平面からは，あまり直接
に感取されるものではなかったことに注意しておこう. 2 次元の座標平面は，ふ
つう関数 $y = f(x)$ のグラフ表示に用いられるため，x 軸と y 軸の役割が歴然と
していて，回転するという考えがあまりなじまないのである. 実際，$y = f(x)$ と
いう関数のグラフを，原点を中心にして回転すれば，その結果は，一般にはグラ
フという属性を失った図形となる.

　さて，複素平面は原点を中心にして回転しても，まったく均質的な様相を保っ
ているという視点を強めると，複素数を表わすのに，平面より球面の方がよいか
もしれないと思えてくる. 地球儀をぐるぐるまわしてみる日常的な経験から受け
る感じは，回転に対する球面の均質性を私たちによく伝えているようにみえる.

リーマン球面

　このような考えに導かれて，球面上の点として複素数を表わす 1 つの考え方を

述べてみよう.

いま,複素平面の単位円を赤道とするような半径1の球面を描く.この球面上の北極に相当する点をNとする.'北極'Nと,球面上のNと異なる任意の点Pとを結ぶ線分を引くと,この線分,またはこの線分の延長は,複素平面とただ1点P'で交わる.この対応によって,'北極'以外の球面の点Pと,複素平面上の点P'とが1対1に対応する.この球面から複素平面上への対応

$$P \longrightarrow P'$$

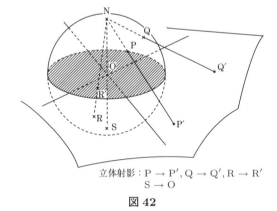

立体射影: P → P', Q → Q', R → R'
　　　　　S → O

図 42

を,Nからの立体射影という.

図42からも明らかなように,北半球上の点は(北極Nを除いて),立体射影によって,単位円の外の点,すなわち $|z| > 1$ をみたす点 z にうつる.

赤道面上の点は,自分自身に,したがって複素平面上の点としては,単位円周上の点にうつる.

南半球上の点は,立体射影によって,単位円の内部の点,すなわち $|z| < 1$ をみたす点 z にうつる.特に南極には $z = 0$ が対応している.

このように,球面上の北極N以外の点Pには,立体射影によって,ただ1つの複素数P'が対応しているのだから,Pは,複素数P'を表わしていると考えてよい.北極Nだけが,対応する複素数をもたないが,このようにして,球面上の北極以外の点が,立体射影を通してある複素数を表わしていると考えたものを,リーマン球面という.

無限遠点

ところが,このようにして得られたリーマン球面上で,北極Nに対応する点だけが,複素平面上に見つけることができないようになっている.私たちは,改めて'北極'Nを,無限遠点であるということにして,記号 ∞ で表わすことに

する．

　この無限遠点という言葉は，次のことをいい表わしている．地球上でいえば，北極は緯度 90° の地点である．北半球では，赤道が北緯 0° であり，北へ進むにしたがって緯度はしだいに大きくなってくる．たとえば京都は北緯 35° のところにあり，モスクワは北緯 56° のところにある．緯度の等しいところを結んで得られる等緯線は，立体射影によって，複素平面上で原点中心の円の周にうつされる．この円は，球面上の点 P が北極に近づくにつれて——緯度が 90° に近づくにつれて——どんどん大きくなる．このどんどん大きくなる円の外部が，リーマン球面上では北極のまわりを囲んでいるということになっている．

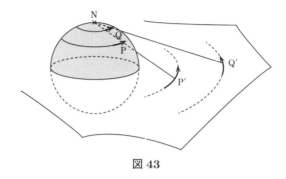

図 43

　その意味で，リーマン球面上の点 P が，北極 N に近づくとき，立体射影によって対応する複素平面上の点 P′ は原点からどんどん遠ざかる．P′ を表わす複素数を z' とすると，このことは

$$P \longrightarrow N \iff |z'| \longrightarrow \infty$$

を示している．

　すなわち，複素平面上では，無限遠点は，複素数がどんどん原点から遠ざかったはてにあると考えられる架空の点であるが，リーマンの球面上では実在の点として表わされているのである．その点を ∞ とかくというのである．

∞ の演算規則

　球面上の点としては，どの点も回転でうつり合えるのだから，北極も南極も，特別にほかの点と区別する理由もない．もちろん，リーマン球面の点としては，北極は無限遠点として，多少特殊な点となっている．しかし，南極は 0 であり，0 に対しては，割ること以外，任意の複素数と四則演算が可能である．同じよう

60 第 9 講 リーマン球面

に，∞ に対しても，次のようないくつかの演算規則を形式的に定義しておく方が有効である場合が多い.

(i) α が複素数のとき.

$$\alpha + \infty = \infty + \alpha = \infty, \quad \frac{\alpha}{\infty} = 0$$

(ii) 複素数 $\beta \neq 0$ に対して.

$$\beta \cdot \infty = \infty \cdot \beta = \infty, \quad \frac{\beta}{0} = \infty$$

しかし，$\infty + \infty$ や，$0 \cdot \infty$，$\dfrac{\infty}{\infty}$，$\dfrac{0}{0}$ は考えない.

ここで，(ii) で 0 で割ることをはじめて定義したことに注意しておこう. しかしこれらの規則は，多少便宜的なものであって，ふつうの数の割り算の規則，たとえば $\dfrac{\alpha}{\gamma} = \dfrac{\beta}{\gamma}$ ならば $\alpha = \beta$ のようなものはみたされていないことを注意しておこう.

ただ，この規約によって

$$w = \frac{1}{z}$$

で，$z = 0$ には，$w = \infty$ が対応していると考えられるようになったのである.

リーマン球面上の座標と複素数の対応

リーマン球面は，3 次元の実ユークリッド空間の中で半径 1 の球であると考えると，

$$\xi^2 + \eta^2 + \zeta^2 = 1 \tag{1}$$

と表わされる. ここで (ξ, η, ζ) は 3 次元実ユークリッド空間の点を表わす座標である. 複素平面は，$(\xi, \eta, 0)$ という座標平面上に重なってのっていると考える. したがって

$$z = x + iy \tag{2}$$

とすると

$$x = \xi, \quad y = \eta$$

である.

さて，(1) で表わされる球面上の点 $P(\xi, \eta, \zeta)$ が立体射影によって，(2) で表わ

される複素平面上の点 P′ にうつされたとする．このとき，(ξ, η, ζ) と $z = x + iy$ の関係はどのようになっているだろうか．

それには，補助的に P から ON へ下ろした垂線の長さを ρ とし，図 44 で $|z| = r$ と ρ を見ながら，相似三角形の考えを用いるとよい．そうすると

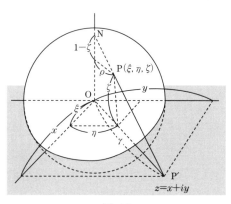

図 44

$$\frac{\rho}{r} = \frac{1-\zeta}{1}$$

$$\frac{x}{\xi} = \frac{y}{\eta} = \frac{r}{\rho} = \frac{1}{1-\zeta}$$

が得られる．これから

$$x = \frac{\xi}{1-\zeta}, \quad y = \frac{\eta}{1-\zeta}$$

したがって

$$z = \frac{\xi + i\eta}{1-\zeta}, \quad \bar{z} = \frac{\xi - i\eta}{1-\zeta} \tag{3}$$

となる．

逆に，ξ, η, ζ を z と $\bar{z}$ で表わすには，まず

$$z\bar{z} = \frac{\xi^2 + \eta^2}{(1-\zeta)^2} = \frac{1-\zeta^2}{(1-\zeta)^2} \quad ((1) \text{ による})$$

$$= \frac{1+\zeta}{1-\zeta}$$

に注意して

$$z\bar{z} - 1 = \frac{2\zeta}{1-\zeta}, \quad z\bar{z} + 1 = \frac{2}{1-\zeta} \tag{4}$$

を得る．したがって (3) (の分母をはらった式) と (4) から

$$\xi = \frac{z+\bar{z}}{z\bar{z}+1}, \quad \eta = \frac{-i(z-\bar{z})}{z\bar{z}+1}, \quad \zeta = \frac{z\bar{z}-1}{z\bar{z}+1} \qquad (5)$$

が得られる．

Tea Time

質問 実数のときには，正の方へどんどん大きくなっていくとき $+\infty$，負の方へどんどん小さくなっていくとき $-\infty$ としましたが，この $\pm\infty$ と，リーマン球面上で得られた無限遠点 ∞ とは性格が違うのでしょうか．

答 無限の方へ向かっていく数の動きを感覚的に捉えたいという意味では，同じ記号 ∞ が実数の場合も，複素数の場合も用いられている．しかし実数で $\pm\infty$ を用いるときには，$x \to +\infty$，$x \to -\infty$ で示されていることは，それぞれ x が数直線上，右の方へどこまでも進む，または左の方へどこまでも進むということであって，$+\infty, -\infty$ を実在の点として考えているわけではなかった．実数の場合には左右の方向性が強く働くのである．複素数の場合には方向性を無視して，$|z|$ さえ大きくなれば，それを $z \to \infty$ とするのである．そしてこの ∞ は，講義の中でも述べたように，必要ならばいつでもリーマン球面の描像の中で，北極として実現されていると考えるのである．その意味で，実数の場合，∞ は '動詞' であったが，複素数の場合には，∞ は '動詞' と同時に，北極を指し示す '名詞' となったのである．

質問 もう1つ質問したいのですが，複素平面上で円を描いたとき，円の内側と外側は，はっきりした概念だと思っていましたが，リーマン球面にうつしてみると，たとえば単位円周が赤道となってしまいます．このとき北半球を赤道のつくる円の内側，南半球を外側と考えるのがよいのか，あるいはこの逆がよいのか，どうやって判定するのでしょう．

答 確かに球面上で円周を考えると，内側と外側がはっきりしなくなる．複素平面上でも，必要に応じて ∞ をつけ加えて考えることにすれば，∞ を通る円——直線——の内側と外側をどう決めたらよいのかが問題となってくる．質問はリーマン球面上であったが，内側と外側をどのように決めたらよいかが問題になることさえわかれば，複素平面上で考えた方がわかりやすいだろう．私たちは，円の内

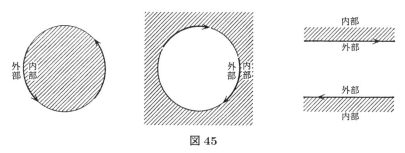

図 45

部，外部 (または直線の内部，外部) は，円周をまわる向き (または直線を点が進む向き) を 1 つ指定することによって，はじめて決まるものだと考えることにする．1 つ向きを決めたとき，左手に見える側を内部，右側に見える側を外部ということにするのである．

もちろん，平面上で，円周を正の向きにまわっている限り，円の内部は，常識的な意味で内側である．しかし直線では，正の向きということが，どうもはっきりしなくなるのである (図46).

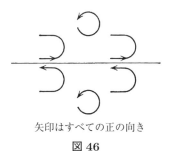

矢印はすべての正の向き

図 46

第**10**講

円々対応の原理

テーマ

◆ 複素平面上の円はリーマン球面上の円に対応する.

◆ 複素平面上の直線は,リーマン球面上の ∞ を通る円に対応する.

◆ 円々対応:リーマン球面上では,1次関数により,円は円に対応する.

◆ 単位円を単位円にうつす1次関数

◆ 1次関数は,反転の関係を保つ.

◆ 上半平面を単位円の内部にうつす1次関数

第8講で述べた円々対応の原理をもう一度ここで取り上げよう.もう一度取り上げる理由は,第8講で述べた定理 '1次関数によって,円または直線は,円または直線にうつる' といういい方が何か中間的で,もう1つはっきりしないと感ずるからである.実は複素平面からリーマン球面へとうつると,円と直線の区別はなくなってしまう.実際,次の結果が成り立つ.

($\sharp$) 複素平面上の円 $\Longleftrightarrow$ リーマン球面上の ∞ を通らない円

複素平面上の直線 $\Longleftrightarrow$ リーマン球面上の ∞ を通る円

すなわち複素平面上の円または直線という概念は,リーマン球面上では,すべて円という概念に包括されてしまう.ただ ∞ を通るか通らないかの性質だけが,複素平面上におとしてみると,直線と円という異なった形となって投影されてくる.

したがって円々対応の原理は,簡明に次のように述べることができるようになった.

1次関数によって,リーマン球面上の円は円にうつされる.

リーマン球面上の円

さて (♯) の証明を試みてみよう. そのためには, 第 8 講の (9) で与えた円の方程式

$$z\bar{z} + Az + \bar{A}\bar{z} + \tilde{c} = 0, \quad \tilde{c} \text{ は実数} \tag{1}$$

$$A\bar{A} - \tilde{c} > 0 \tag{2}$$

を, 実数 a, b, c, d を用いて

$$a(z + \bar{z}) + ib(z - \bar{z}) + c(z\bar{z} - 1) + d(z\bar{z} + 1) = 0 \tag{3}$$

の形にかき直しておく方がよい. それには, 適当な a, b, c, d をとると, (1) は (3) の形に表わせることをみるとよい.

(3) 式は展開して整理すると

$$(c + d)z\bar{z} + (a + ib)z + (a - ib)\bar{z} + d - c = 0 \tag{3}'$$

となるから, (1) 式と見比べて, $c + d \neq 0$ となる実数 c, d と, 実数 a, b を

$$A = \frac{a + ib}{c + d}, \quad \tilde{c} = \frac{-c + d}{c + d}$$

をみたすようにとると (1) になる. a, b, c, d は比を除けば, $A, \tilde{c}$ によって一意的に決まる数である. 条件 (2) は

$$d^2 < a^2 + b^2 + c^2 \tag{4}$$

におきかわる.

逆に, (3) 式で, $c + d \neq 0$, かつ (4) をみたすならば, (3) は円の方程式となっている.

一方, (3)′ の式を見るとわかるように $c + d = 0$ ならば, (3)′ は, したがってまた (3) は, 一般の直線の式を表わしている (第 8 講, (8) 参照). このとき (4) は自動的にみたされていることを注意しよう (直線の式というときには, a か b か少なくとも 1 つは 0 でない!).

結局, まとめて述べると

$$\begin{cases} a(z + \bar{z}) + ib(z - \bar{z}) + c(z\bar{z} - 1) + d(z\bar{z} + 1) = 0 & (3) \\ a, b, c, d \text{ は実数 (少なくとも 1 つは} \neq 0) \\ d^2 < a^2 + b^2 + c^2 & (4) \end{cases}$$

は複素平面上の，円または直線の式を表わしていることになった．$c+d=0$ が直線の式を表わす条件となっている．

この形にしておくと，円または直線の式はリーマン球面の座標 (ξ, η, ζ) に変換しやすくなる．実際，(3) の辺々を $z\bar{z}+1$ で割って前講の (5) を用いると

$$a\xi - b\eta + c\zeta + d = 0 \tag{5}$$

となることがわかる．これは，3 次元の座標空間の中の方程式と見たとき平面の方程式となっている．原点から平面 (5) までの距離 (原点からこの平面におろした垂線の長さ) は

$$\frac{|d|}{\sqrt{a^2+b^2+c^2}}$$

で与えられるから，条件 (4) は，この距離が 1 以下であることと同値である．したがって平面 (5) は，リーマン球面を切る．この切口に現われる円が，(3) (と付帯条件 (4)) をみたす複素平面上の円または直線を，リーマン球面上に表わしたものとなっている．

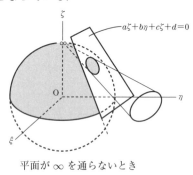
平面が ∞ を通らないとき

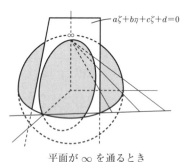
平面が ∞ を通るとき

図 47

特にこのリーマン球面上の円が ∞ を通る条件は，すなわち平面 (5) が北極 $(0,0,1)$ を通る条件は，(5) 式に $\xi=0, \eta=0, \zeta=1$ を代入してみるとわかるように

$$c+d=0$$

で与えられる．この条件は前に述べたように，(3) が直線を表わしている条件と同値である．

これで (♯) が完全に証明された．

単位円を単位円にうつす1次関数

円々対応の原理で円は円にうつるが，それでは z-平面の単位円 $|z| \leqq 1$ を，w-平面の単位円 $|w| \leqq 1$ にうつす1次関数で，単位円内の1点 ζ を，単位円の中心0にうつすものはどのようなものであろうか．これについては次の結果がある．

単位円を単位円にうつし，単位円内の1点 ζ を0にうつす1次関数の一般の形は

$$w = e^{i\theta} \frac{z - \zeta}{1 - \bar{\zeta}z} \tag{6}$$

で与えられる．

まず (6) で与えられる1次関数は，確かに単位円を単位円にうつし，ζ を0にうつしていることをみておこう．

(6) の両辺の絶対値をとると

$$|w| = |e^{i\theta}| \frac{|z - \zeta|}{|1 - \bar{\zeta}z|} = \frac{|z - \zeta|}{|1 - \bar{\zeta}z|} = \frac{1}{|z|} \frac{|z - \zeta|}{\left|\frac{1}{z} - \bar{\zeta}\right|}$$

である．特に z が単位円周上にあるとき $|z| = 1$，また

$$\frac{1}{z} = \bar{z}$$

であって，したがってこのとき

$$|w| = \frac{|z - \zeta|}{|\bar{z} - \bar{\zeta}|} = \frac{|z - \zeta|}{|z - \zeta|} = 1$$

が成り立つ．このことは z-平面の単位円周が w-平面の単位円周にうつされることを示している．

また，$z = \zeta$ を (6) に代入すると明らかに $w = 0$ である．ζ は単位円の内部の点をとっていたから，このことから，(6) が望んでいる性質をみたしている1次関数であることがわかる．(逆に望んでいる性質をみたす1次関数が (6) の形に限ることは，この講の次節以下で論ずる．)

注意 ここで前講の Tea Time で述べたような意味で，1次関数によって，円の内部は円の内部へとうつることを用いている．この事実は，平行移動と相似写像の場合は明

らかで，$w = \frac{1}{z}$ のときは，第 8 講 Tea Time でその事情を述べてある．

反　　転

それでは，単位円を単位円にうつし，ζ $(|\zeta| < 1)$ を 0 にうつす 1 次関数は (6) の形に限るのはなぜかと聞かれると，これには少し説明がいる．

どうせ説明を要するならば，もう少し一般的なこともあわせて述べた方がよい．そのため反転という概念を説明する．

いま複素平面上に，中心 A，半径 r の円が与えられたとする．任意の点 P $(\neq A)$ に対して，線分 AP の延長上にある点 P′ で
$$\overline{\mathrm{AP}} \cdot \overline{\mathrm{AP'}} = r^2$$
をみたすものを，(この円に関する) P の反転という．また中心 A の反転は ∞，∞ の反転は A と定義する．

中心 A を表わす複素数を α，P を表わす複素数を z とする．このとき複素数 z' が P の反転 P′ を表わすための必要十分条件は
$$z' - \alpha = \frac{r^2}{\overline{z} - \overline{\alpha}} \tag{7}$$
が成り立つことである．

それを見るには (7) をかき直して $(\overline{z - \alpha})(z' - \alpha) = r^2$ として，両辺の絶対値と偏角をとってみるとよい．なお，$\arg(\overline{z - \alpha}) = -\arg(z - \alpha)$ であることを注意しておこう．

また，直線 l が与えられたとき，点 P の l に関する反転とは，P の l に関する対称点 P′ のことであると定義する．

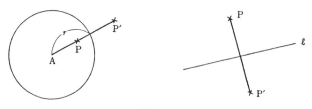

図 48

P′ が P の反転ならば，P は P′ の反転となっている．したがって，P と P′ は互いに反転の関係にあるといういい方ができる．また P が内部にあれば，反転 P′

は外部にある.

このとき次の定理が成り立つ.

【定理】 1次関数
$$w = \frac{\alpha z + \beta}{\gamma z + \delta} \quad (\alpha\delta - \beta\gamma \neq 0)$$
によって円 C は円 C' にうつるとする. このとき z, z' が円 C について互いに反転の関係にあれば, z, z' の像 w, w' は円 C' に関して互いに反転の関係にある. ここで直線は, ∞ を通る円と考えている.

この証明について少し触れておこう. 反転の定義から 1 次関数が平行移動 $w = z + \beta$, 相似拡大 (縮小) $w = \alpha z$ のときには, この定理が成り立つことは, すぐにわかる. 問題は $w = \frac{1}{z}$ のとき, この定理が成り立つかを確かめることである. それには $|z - \alpha| = r$ という円 C が, $w = \frac{1}{z}$ によってどのような円 C' にうつるかを表示して, 次に, C に関して関係 (7) が成り立つ z, z' に対して, w, w' が円 C' について同じ関係をみたしていることを, 計算で確かめるとよい.

単位円を単位円にうつす 1 次関数 (つづき)

この定理を用いると, 単位円を単位円にうつして, かつ ζ ($|\zeta| < 1$) を 0 にうつす 1 次関数は (6) の形で与えられることがわかる.

なぜかというと, ζ が 0 にうつると, 単位円に関し ζ と反転の場所にある $\frac{1}{\zeta}$ は, ∞ にうつらなくてはならない.

$$
\begin{array}{ccc}
\text{互いに} & \zeta & \longrightarrow & 0 & \text{互いに} \\
\text{反転} & \frac{1}{\zeta} & \longrightarrow & \infty & \text{反転}
\end{array}
$$

このことから求める 1 次関数は
$$w = \lambda \frac{z - \zeta}{z - \frac{1}{\bar{\zeta}}} = -\lambda\bar{\zeta}\frac{z - \zeta}{1 - \bar{\zeta}z}$$
の形をとらなくてはいけないことがわかる. しかし 67 頁で示したように $|z| = 1$ のとき $|z - \zeta| = |1 - \bar{\zeta}z|$ で, このとき $|w| = 1$ でなくてはならない. このことから
$$|-\lambda\bar{\zeta}| = 1$$

が結論される．そこで $-\lambda\bar{\zeta} = e^{i\theta}$ とおくと，(6) の形となる．これで望んだ結果が証明された．

同じ考えで，実軸の上の部分，すなわち
$$\{z \mid z = x + iy, \ y > 0\}$$
を，単位円の内部にうつす1次関数を求めることができる．簡単のため，i を 0 にうつすこのような1次関数を求めてみよう．下の図の関係が成り立つ．

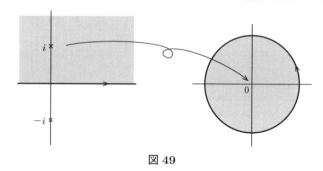

図 49

実軸に関し反転 $\begin{array}{c} i \longrightarrow 0 \\ -i \longrightarrow \infty \end{array}$ 単位円に関し反転

このことから前と同様に考えて，求める1次関数が
$$w = e^{i\theta}\frac{z-i}{z+i} \tag{8}$$
で与えられることがわかる．

Tea Time

質問 実軸より上の，複素平面の上半分全体が，単位円の中にそっくりそのままおさまってしまうという，上の1次関数 (8) の対応がどうもよくのみこめません．この対応の模様を式の上だけではなくて，もう少し納得できるように話していただけませんか．

答 複素平面だけで考えていると，上半平面が単位円の中にちょうどうつされる

ような写像は，誰でも考えにくいのである．よくのみこめないという感じは，私にもよくわかる．

こういうときに，リーマン球面を使ってみると，対応の模様を大体感じとることができるのである．説明の簡単のために，(8) の中で特に $\theta = 0$ ととった場合，すなわち

$$w = \frac{z-i}{z+i} \qquad (*)$$

の場合を考えることにしよう．このときいくつかの z で対応する w を求めてみると，次のようになっている．

z	1	0	-1	∞	i	$-i$
w	$-i$	-1	i	1	0	∞

($z = \infty$ のときの w の値を求めるには，$(*)$ の右辺の分母，分子を z で割ってから，$z = \infty$ とおく．)

リーマン球面では，上半平面は右側の半球面に対応し，実軸は，北極と南極を通って地球を東西にわける子午線として表わされている．単位円は，南半球として表わされている．図 50 を見ると，$(*)$ の対応がどのようなものかについて大体想像がつくだろう．実際は，リーマン球面上では，$(*)$ は，右半球を $90°$ 回転して下半球へとうつす対応となっている．

このことを計算で確かめ

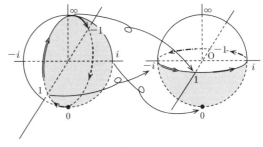

図 50

るのも容易である．右半球を $90°$ 回転して下半球へうつすリーマン球面の対応は，$(\xi, \eta, \zeta) \longrightarrow (\zeta, -\xi, \eta)$ で与えられる．そこで実際 $(*)$ の右辺を前講の (5) 式に代入するとちょうどこの対応を与えていることを確かめてみるとよいのである．

第 **11** 講

代数学の基本定理

テーマ

◆ ガウスの学位論文
◆ 代数学の基本定理
◆ 背理法による証明
◆ $|f(z)|$ が正の最小値をとるとして矛盾を導く.

ガウスの学位論文

ガウス (1777–1855) が複素数の積極的な導入を最初に明らかにしたのは, 21 歳のときヘルムシュテット大学に提出した学位論文「1 変数の代数的有理整関数は, 1 次または 2 次の実因数に分解できるという定理の新しい証明」においてであった.

この学位論文でガウスが示したことは, 任意の複素係数の n 次の代数方程式

$$f(z) = z^n + a_1 z^{n-1} + \cdots + a_{n-1} z + a_n = 0$$

は, 必ず複素数の中に解をもつということであった. 学位論文の標題の最後にある '新しい証明' は紛らわしい. これについて一言, コメントをつけておく. ガウスがのちに, '代数学の基本定理' と名づけたこの定理は, すでにフランスではダランベールの定理として知られており, ガウスより一時代前のオイラーやラグランジュもその証明を試みていたが, ガウスはこれらの証明がすべて不十分であることを示して, この学位論文で, はじめて完全な証明を与えたのである. ガウスがここで与えた証明法には, 複素数の平面表示がはっきりと意識されており, 幾何学的考察が深くにじみ出ているものであった. (このガウスによる最初の証明がどんなものか知りたい人は, たとえば片山孝次『複素数の幾何学』(岩波書店) を参照されるとよい.)

この代数学の基本定理は, 複素数が数学史の中で, 最初に明確な形をとって登

場した記念碑のようなものだから，この本でも，この段階で1つの証明を与えて
みたい．この証明では，複素平面上で，任意の複素数は，ある点のまわりをひと
まわりすることができるという性質が決定的な役目を演じている．数直線上では，
実数を平行移動させることはできたが，回転させることはできなかったのである．

代数学の基本定理

まず，証明すべき定理を記しておこう．

> **代数学の基本定理**：　複素数を係数とする n 次の代数方程式
> $$f(z) = z^n + a_1 z^{n-1} + \cdots + a_{n-1}z + a_n = 0$$
> は，必ず少なくとも1つの複素数の解をもつ．

すなわち，$f(z)$ は必ずある点 $z = z_1$ で $f(z_1) = 0$ となるのである．

代数学の基本定理は，$f(z) = 0$ が，重解も含めて n 個の解を複素数の中にもつ
ことを主張しているのではなかったかと思われる読者もいるかもしれない．しか
し，ある点 $z = z_1$ で $f(z_1) = 0$ になることがわかると，剰余定理から
$$f(z) = (z - z_1)\, F(z), \quad F(z) は n - 1 次の整式$$
となり，この $F(z)$ にまた上の定理が適用される．したがってある z_2 で $F(z_2) = 0$
となる．このことを順次繰り返していくと
$$f(z) = (z - z_1)\,(z - z_2) \cdots (z - z_n)$$
が得られる．したがって結局 $f(z) = 0$ は，n 個の解 $z_1, z_2, \ldots, z_n$ をもつことが
結論されるのである．

証明のスタート——背理法

証明には背理法を用いる．したがって $f(z) = 0$ が解をもたないと仮定して矛
盾の生ずることを見るとよい．そのためこれから
$$\text{(H)} \quad f(z) = 0 は解をもたない$$
と仮定する．

この仮定 (H) は，すべての複素数 z に対して $f(z) \neq 0$，したがって $|f(z)| > 0$
が成り立つことを意味しているが，実はもう少し強く，次のことも導いてしまう．

74　第 11 講　代数学の基本定理

> (♣)　$|f(z)|$ は，ある点 $z = a$ で最小値をとる.
>
> すなわち，すべての z に対して
>
> $$|f(z)| \geqq |f(a)| \ (> 0)$$
>
> をみたす点 a が存在する.

【証明】(概要)　まず

$$\begin{aligned}
|f(z)| &= |z|^n \left| 1 + \frac{a_1}{z} + \frac{a_2}{z^2} + \cdots + \frac{a_n}{z^n} \right| \\
&\geqq |z|^n \left(1 - \left| \frac{a_1}{z} + \frac{a_2}{z^2} + \cdots + \frac{a_n}{z^n} \right| \right) \\
&\geqq |z|^n \left\{ 1 - \left(\frac{|a_1|}{|z|} + \frac{|a_2|}{|z|^2} + \cdots + \frac{|a_n|}{|z|^n} \right) \right\}
\end{aligned}$$

に注意しよう. $|z| \to \infty$ のとき

$$\frac{|a_1|}{|z|}, \ \frac{|a_2|}{|z|^2}, \ \cdots, \ \frac{|a_n|}{|z|^n} \longrightarrow 0$$

となる. したがって $|z|$ が十分大きくなると

$$1 - \left(\frac{|a_1|}{|z|} + \frac{|a_2|}{|z|^2} + \cdots + \frac{|a_n|}{|z|^n} \right) > \frac{1}{2}$$

となる. したがって $|z|$ が十分大きいところでは (∞ の近くでは！)

$$|f(z)| > \frac{1}{2}|z|^n \tag{1}$$

が成り立つ.

　仮定 (H) によって，$f(z) \neq 0$ だから，複素平面上で定義された関数

$$g(z) = \frac{1}{f(z)}$$

を考えることができる. $f(z)$ は多項式で，連続関数だから，$g(z)$ もまた連続関数となる (複素平面上の連続関数については，次講参照).

　(1) から，$|z|$ が十分大きいとき

$$|g(z)| < \frac{2}{|z|^n}$$

が成り立つ. したがって $|z| \to \infty$ のとき，$|g(z)| \to 0$ である. $|z| \to \infty$ を，z が無限遠点 ∞ に近づくと読みかえてみよう. そうするとこのことから，リーマン

球面上の関数 $\tilde{g}(z)$ を

$$\tilde{g}(z) = \begin{cases} g(z), & z \text{ が複素数のとき} \\ 0, & z = \infty \text{ のとき} \end{cases}$$

と定義すると，$\tilde{g}(z)$ は，リーマン球面上の連続関数となることがわかる．したがってまた $|\tilde{g}(z)|$ も連続関数となる．

ところがリーマン球面はコンパクト ($\boldsymbol{R}^3$ の中の有界閉集合) だから，リーマン球面上で定義された実数値連続関数 $|\tilde{g}(z)|$ は有界であって，最大値，最小値をとる．最小値は 0 であって，これは $z = \infty$ でとる．$|\tilde{g}(z)|$ は恒等的に 0 ということはないのだから，ある複素数 $z = a$ で，最大値 $|\tilde{g}(a)|$ をとらなくてはならない．$|\tilde{g}(a)| > 0$ である．

$\tilde{g}(z)$ の定義に戻って考えてみると，

$$|\tilde{g}(a)| = |g(a)| = \frac{1}{|f(a)|}$$

であって，かつ $|g(a)|$ は $|g(z)|$ の最大値を与えていることがわかる．f と g は逆数の関係にあったのだから，これで (♣) が示された．

注意 なお，上に述べたことから，$z = \infty$ のごく近くでは $\tilde{g}(z)$ は $\frac{1}{z^n}$ に近似的に等しくなっていることもわかるだろう．

(♣) の意味するもの

(♣) から矛盾を導けばそれで証明は終るのであるが，形式的にすぐにこの証明に入ることは，あまり望ましいことではない．まず読者に，(♣) がいかにも矛盾を含みそうだということを感じとってもらうことが先決である．

(♣) のいっていることは，図 51 でいうと，$w = f(z)$ によって，z-平面の像が，w-平面上で原点中心，半径 $|f(a)|$ の円の内部を含まないということである．だから図 51 の右で示したような斜線部分に z-平面の全体がうつされるということである．この図を見ても，

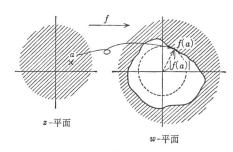

図 51

z-平面の a の近くが w-平面の斜線部へとどのようにうつるのか，よくわからなくなって，何か妙だと感じられるのではなかろうか．

(♣) がおこりそうにもない感じをもっと強めるためには，(♣) の逆数をとった形，すなわちリーマン球面からリーマン球面への写像 $\tilde{g}$ を考えてみるとよいかもしれない．このとき対応は図52のように表わされ，$\tilde{g}$ の像は北極の近くを含んでいない．球面を，切りも破りもしないで ($\tilde{g}$ は連続！)，どうしてこのような写像をつくることができるのだろう

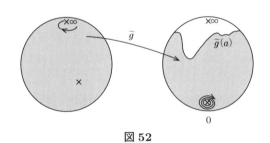

図 52

か．紙風船を，半分につぶすようにするとよいかもしれないが，そんなことは，多項式の逆数 $\tilde{g}$ でできるのだろうか．読者は，ここでは，このような写像はなかなかつくれそうにないと感じてもらえばよいのである．その感じが (♣) に矛盾を見出す糸口になる．

なお，図52で，左図には北極を一周する曲線を，右図には南極をぐるぐるまわる曲線をかいておいたのは，$\tilde{g}(z)$ は，z が北極の近くにあるときは，大体 $\frac{1}{z^n}$ に近く，したがって，北極を一周する曲線を，南極のまわりを n 周 (正確には $-n$ 周) する曲線へと近似的にうつしている様子を描いたのである．この性質があると，$\tilde{g}$ は，上に述べた紙風船をつぶしたような写像ではないことが察せられてくるだろう——(♣) は矛盾を含むに違いない．

(♣) は矛盾を導く

次の (♣♣) が示されれば，(♣) は矛盾を含んでいることがわかり，背理法によって証明が完成する．

> (♣♣)　$|f(z)| < |f(a)|$
> となる z が存在する．この z は
> a にいくらでも近くとれる．

【証明】 $z = a + h$ とおくと
$$f(z) = z^n + a_1 z^{n-1} + \cdots + a_{n-1} z + a_n$$
$$= (a+h)^n + a_1(a+h)^{n-1} + \cdots + a_{n-1}(a+h) + a_n$$
$$= f(a) + A_1 h + A_2 h^2 + \cdots + A_n h^n$$

の形となる $\left(\text{実際は } A_1 = f'(a),\ A_2 = \dfrac{f''(a)}{2!},\ \ldots,\ A_n = \dfrac{f^{(n)}(a)}{n!}\right)$.

$f(z)$ は定数ではないから, $A_1, A_2, \ldots, A_n$ のうちの少なくとも 1 つは 0 でない. いま簡単のため $A_1 \neq 0$ と仮定しよう. このとき
$$f(a+h) = f(a) + A_1 h \left\{ 1 + \frac{A_2}{A_1} h + \cdots + \frac{A_n}{A_1} h^{n-1} \right\}$$
この右辺の { } の中を $1 + \Theta$ とおくと
$$f(a+h) = f(a) + A_1 h (1 + \Theta)$$
であって, $|h| \to 0$ のとき, $\Theta \to 0$ である.

そこで複素数 h を次のようにとる. まず絶対値 $|h|$ を十分小さくとって
$$|\Theta| < 1, \quad |A_1 h| < |f(a)|$$
が同時に成り立つようにする. 次に h の偏角を
$$\arg A_1 h = \arg f(a) + \pi$$
が成り立つように, すなわち
$$\arg h = -\arg A_1 + \arg f(a) + \pi$$
のように h を決める.

このとき, $f(a), A_1 h, A_1 h \Theta$ を表わす点は w-平面上で図 53 の (a) のように示される (ここで $|A_1 h \Theta| < |A_1 h|$ に注意せよ). したがって
$f(a+h)$
$= f(a) + A_1 h + A_1 h \Theta$

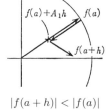

$A_1 h \Theta$ は円の内側にある

(a)

$|f(a+h)| < |f(a)|$

(b)

図 53

は図 53 の (b) で示されたような場所にある. 明らかに
$$|f(a+h)| < |f(a)|$$

である.

これで (♣♣) が示されて，背理法による証明が終った.
代数学の基本定理が証明されたのである.

Tea Time

質問 代数学の基本定理の証明をお聞きして，改めて感じたことは，言葉は適切でないかもしれませんが，'複素数は平面上の数' なのだということでした．実数のとき，座標平面上で整式のグラフをかくようなことでは，予想もできない議論でした．ここで１つお聞きしたいことは，証明は背理法を使って行なわれましたから，解がどのあたりにあるかなどということは少しもわかりません．解がどのあたりにあるかを知らなくとも，解は複素平面上のどこかにあるというだけで数学者は満足しているのでしょうか．

答 なかなか厳しい質問で，これで満足しているかどうかについては，私の個人的な感じを述べる以外に道はないようである．5次以上の代数方程式に対しては，一般的な解の公式はないのだから，解を具体的に表示して，複素平面のここに解はあると指し示すわけにはいかないのはやむをえないことである．しかしそうはいっても，教室で教えるとき多少ためらいを感ずるときもある．たとえば行列の固有値問題を述べるとき，「代数学の基本定理によって，固有多項式は n 個の解をもつ．それを固有値という」などと教えるとき，心の片隅でこれでよいのかという感じが少し残る．ふつうの教科書に載っている例題は，固有多項式の解がすぐわかる形になっていて，この説明にあまり疑念をはさまないようになっている．しかしもし「5次以上の行列に，固有値を求める方法はあるのですか」と質問されて「いや，実際上はない」と答えれば，講義は混乱してしまうだろう．

数学の定理は，数学の形式の中では完全に整っていても，具体的にその結果を適用して数値を求めようと思うと，計算の手段が，証明の過程の中に見出せない場合もあるのである．背理法や選択公理を用いた証明では，そのようなことがおきる．たとえていってみれば，あの山にダイヤモンドがあることは確かだといっても，どこにあるかは全然指し示していないようなものである．数学者は，ダイヤモンドが存在することさえ保証されていれば十分だというだろうが，実際家は，

ダイヤモンドのあるところまでの道順を示してくれなければ，ないというに等しいというだろう．

　代数方程式の解については，この数学者と実際家の溝を埋めるために，解の近似値を具体的にいかに求めるかということが，数値解析の分野でいろいろ調べられている．私は，このような方向が，これからますます重要になってくるのではないかと思うが，歴史的には，数学はこの150年間，もっぱら数学の中での形式の完備さを求め続けてきたから，数値解析のような分野は疎外視されてきたような観がある．

　質問に対する私の個人的な答は，代数学の基本定理ですべてが終ったというような見方には，最近は少し後ろめたさのようなものを感じている，ということになるだろうか．

第 **12** 講

複素平面上の領域で定義された関数

テーマ

◆ 複素変数の関数
◆ 関数の定義域
◆ 領域——開集合で，その中の 2 点が連続曲線で結べる．
◆ 連続関数
◆ 連続関数の表示：$f(z) = u(x, y) + iv(x, y)$

複素変数の関数

いままでも，1 次関数や n 次の整式などを扱ってきたが，これからはもっと一般に，複素数 z に対し複素数 w を対応させる対応

$$w = f(z)$$

を考えることにする．

このようなとき，w は z の関数であるという．もっと正確には，複素変数 z の複素数値 w をとる関数 f が与えられたという．

また，z-平面から w-平面への写像 $w = f(z)$ が与えられたということもある．このときには，z-平面の図形は w-平面の図形へどのようにうつるだろうかなどということにも関心が広がって，関数というときよりも，多少幾何学的な感じが強まってくる．

しかし，関数といおうが，写像といおうが，実質的には同じものを示している．私たちはこれから，関数といういい方も，写像といういい方も，特に区別せずに，同じように用いていくことにする．

関数の定義域

関数 $w = f(z)$ が与えられたというときには，変数 z が動く範囲も指定してお

かなくてはならない．

　もちろん，複素平面のどんな範囲に限って関数を考えてもよいのだから，関数の定義される場所——定義域——は，まったく任意の場所にとっておいてもよいのである．場所とかいたのは，複素平面を頭においているからであるが，もっと数学らしくいえば，複素数の集合の任意の部分集合を，関数の定義域と考えてもよいということである．

　したがって，関数の定義域を S とすると，

$$\text{`}w = f(z) \text{ は } z \in S \text{ に対して定義されている'}$$

といういい方になる．

領　　域

　関数の定義域は，どんな範囲でもよいのだが，私たちのこれからの話では，関数 $w = f(z)$ の微分について論ずることが多くなってくる．そのようなときには，関数の定義域として，複素平面上の領域 D を考えることが自然なことになる．

　複素平面の領域 D とは次のように定義される．

【定義】　複素平面の部分集合 D が次の条件をみたすとき領域という．

　(i)　D は開集合

　(ii)　D の相異なる 2 点 z_0, z_1 は，D の中の連続曲線で結べる．

　この定義に現われた言葉を説明しておこう．まず (i) の開集合とは，D の中から点 z をとったとき，正数 ε を十分小さくとっておくと，z の ε-近傍

$$V_\varepsilon(z) = \{\tilde{z} \,|\, |\tilde{z} - z| < \varepsilon\}$$

が，D に含まれているということである：$V_\varepsilon(z) \subset D$．

　また，(ii) で述べている z_0 と z_1 が D 内の連続曲線で結べるということは，実軸上の閉区間 $[0, 1]$ から D の中への連続写像 γ が存在して

$$\gamma(0) = z_0, \quad \gamma(1) = z_1$$

となることである．γ のことを，z_0 から z_1 への道であるということもある．このいい方をするときには，連続写像 γ をとることを，z_0 と z_1 を，D の中の道で結ぶといういい方もする．

　読者は，図 54 で示したいくつかの領域の例を見て，領域とはこういうものか

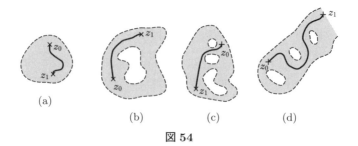

(a)　(b)　(c)　(d)

図 54

と，納得してもらえば十分である．

図 54 で，(a) は単位円の内部を少しつぶしたような形をした領域である．この場合，開集合であるという性質は，境界が含まれていないという性質に表わされている．(b) は (a) のような領域から，真中に 1 つ穴をあけたものであり，(c) は 3 つ穴をあけたものである．この場合も，穴の境界は，カゲをつけて示してある領域の中には含まれていない．(a), (b), (c) は有界な領域の例であるが，(d) は右の方へどこまでも延びていく，有界でない領域の例を示している．特別な場合として，複素平面全体は 1 つの領域をつくっている．

おのおのの領域に，2 点 z_0, z_1 をとって，z_0 と z_1 を結ぶ道の例を示しておいた．

連 続 関 数

これからは，複素平面のある領域 D 上で定義された複素数値をとる関数

$$w = f(z)$$

を考えることにする．

$f(z)$ が D 上で連続であるという定義を述べる前に，点列の収束について簡単に述べておこう．

D 内の点列 $z_1, z_2, \ldots, z_n, \ldots$ が z に近づくということは，

$$n \to \infty \text{ のとき } |z_n - z| \to 0$$

となることである．

$z_1, z_2, \ldots, z_n, \ldots, z$ を表わす複素平面上の点を $P_1, P_2, \ldots, P_n, \ldots, P$ とすると，このことはごくふつうの感じで，平面上の点列 $P_1, P_2, \ldots, P_n, \ldots$ が P に近づくと

いうことである．ただしこの近づき方は，図55で示してあるように多様である．

連続性の定義を，まず直観的にわかりやすい形で与えておこう．

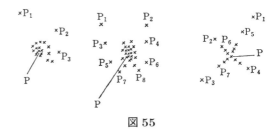

図 55

【定義】 D 上で定義された関数 $w = f(z)$ が D の各点 z で次の条件をみたすとき，f は D 上で連続であるという：

$$z_1, z_2, \ldots, z_n, \ldots \to z \text{ ならば } f(z_n) \to f(z) \quad (n \to \infty)$$

実数のときの連続関数と同様に，f と g が D 上で連続な関数ならば，$f+g$, $f-g$, fg は D 上の連続関数となる．また D 上で $g(z) \neq 0$ ならば $\dfrac{f}{g}$ も D 上で連続な関数となる．

また f が D 上で連続なとき，$f(z)$ の絶対値をとって得られる関数 $|f(z)|$ は，D 上で定義された実数値連続関数となる．実際，不等式

$$||f(z_n)| - |f(z)|| \leqq |f(z_n) - f(z)|$$

と f の連続性から，$z_n \to z$ のとき，$|f(z_n)| \to |f(z)|$ が結論できるからである．

微分・積分の教科書などで，実数の場合の連続関数の性質を学ばれた読者は，特に '閉区間 $[a, b]$ で定義された連続関数は有界であって最大値，最小値をとる' という定理は印象が強かったのではないかと思う．そうすると，複素数の場合にも似たような定理があるのではなかろうかと，漠然と推測されるのではなかろうか．

しかし，複素数には大小関係はないのである．$1 + 100i$ と $100 + i$ はどちらが大きいかなどを判定する規準は，私たちは複素数の中には導入しておかなかった．私たちが大小を比較できるのは，複素数 z の絶対値 $|z|$ である．たとえば $2+3i$ と $4+i$ の大小は比較はできないが，

$$|2 + 3i| = \sqrt{4+9} = \sqrt{13}$$
$$|4 + i| = \sqrt{16+1} = \sqrt{17}$$

から，$|2 + 3i| < |4 + i|$ であることはわかる．

84　第12講　複素平面上の領域で定義された関数

このことから，D 上で定義された連続な複素数値の関数 $w = f(z)$ に対して，たとえ D 内の有界閉集合に限って考えてみても，最大値や最小値などをいうことは，まったく意味のないことであることがわかるだろう．私たちにいえることは'D 内の有界な閉集合上で，実数値連続関数 $|f(z)|$ は有界であって最大値，最小値をとる'ということだけである．この証明はここでは省略しよう．

関数 $w = f(z)$ が D の1点 z_0 で連続であることを，実数の場合と同様に ε-δ 式にいい表わすこともできる．すなわち，$f(z)$ が $z = z_0$ で連続であるということは，'$z_n \to z_0 \Longrightarrow f(z_n) \to f(z_0)$'といってもよいし，'どんな正数 ε をとっても，ある正数 δ で

$$|z - z_0| < \delta \Longrightarrow |f(z) - f(z_0)| < \varepsilon$$

が成り立つことである'といってもよいのである．

なお，この $\varepsilon\delta$ でいい表わされている状況が成り立つとき，

$$z \to z_0 \text{ のとき } f(z) \to f(z_0)$$

または

$$\lim_{z \to z_0} f(z) = f(z_0)$$

とかく．これも実数のときと同様であって，いまの場合，複素数の絶対値を用いて，z が z_0 へ，また $f(z)$ が $f(z_0)$ へ近づく模様をいい表わしているのである．

連続関数の表示

複素平面上の領域 D 上で定義された連続関数 $w = f(z)$ を表示するのに，場合によっては，z の方は実数部分，虚数部分を変数として，w の方は実数部分，虚数部分とにわけて表示する方がつごうのよいときもある．このことを説明しよう．

$$z = x + iy, \quad w = u + iv$$

と，z と w をそれぞれ実数部分と虚数部分にわける．このとき複素平面を，ふつうの座標平面のように考えれば，z は (x, y) として表わされる点であり，w は (u, v) として表わされる点である．したがって，関数 $w = f(z)$ は，点 (x, y) に対して，点 (u, v) を対応させる写像であるとみることができる．

$$\begin{array}{ccc} z & \xrightarrow{f} & w \\ \| & & \| \\ x+iy & \longrightarrow & u+iv \\ \updownarrow & & \updownarrow \\ (x,y) & \longrightarrow & (u,v) \end{array}$$

この表わし方では，u, v はそれぞれ (x, y) の関数となり，
$$u = u(x, y), \quad v = v(x, y)$$
と表わされ，したがって
$$w = f(z) = u(x, y) + iv(x, y)$$
とかけることになる．$u(x, y)$, $v(x, y)$ は実数値の関数である (例 1, 例 2 参照).

f が連続であることと，$u(x, y)$, $v(x, y)$ が 2 変数の関数として連続であることは同値である．このことは
$$z_n = x_n + iy_n, \quad w_n = f(z_n) = u_n + iv_n \quad (n = 1, 2, \ldots)$$
と表わすと
$$z_n \to z \Longrightarrow w_n \to w \quad (n \to \infty)$$
ということは
$$\begin{cases} x_n \to x \\ y_n \to y \end{cases} \Longrightarrow \begin{cases} u_n \to u \\ v_n \to v \end{cases} \quad (n \to \infty)$$
が成り立つことと同値のことからわかる．

【例 1】 $w = z^2$ のとき，$w = u + iv = (x + iy)^2$ であって，したがって
$$u(x, y) = x^2 - y^2, \quad v(x, y) = 2xy$$

【例 2】 $w = z^3$ のとき，$w = u + iv = (x + iy)^3$ であって，したがって
$$u(x, y) = x^3 - 3xy^2, \quad v(x, y) = 3x^2y - y^3$$

Tea Time

質問 1 次関数や，代数学の基本定理の証明でも，複素平面上の関数を，リーマン球面からリーマン球面への写像と考えた方がずっとわかりやすいということが

86   第 12 講　複素平面上の領域で定義された関数

ありました．複素平面上で関数 $w = f(z)$ を考えるのと同様に，リーマン球面上で複素数の値をとる関数を考えてもよいのではないでしょうか．

答　確かに 1 次関数のときには，円々対応の説明のところでも見たように，複素平面上で考えるよりは，リーマン球面上で考えた方がずっとわかりやすいということはあった．また，リーマン球面上で考えた方が，分母が 0 になるようなところでも，その点は ∞ (無限遠点!) へうつる場所だといえばすむ．

　しかしこのような考え方で，複素平面上の関数をリーマン球面上の関数と考えることのできるのは，私たちがこれから考えようとする関数の中では，有理関数だけなのである．一般には $z \to \infty$ のとき，複素平面上で定義された関数 $w = f(z)$ は，驚くような複雑な振舞いをみせる．私たちは，$z \to \infty$ ということが，実数のときのように，直線の左右に単純に点が進んでいくということではなくて，平面上のすべての方向に向かって $|z|$ が大きくなっていくということであることを想起しておかなくてはならない．

　まだ複素数の指数関数を定義していないが，それは

$$e^z = e^{x+iy} = e^x(\cos y + i \sin y)$$

で与えられる．いまこれを認めると，たとえば，実軸に沿って $z \to \infty$ のときには，$x \to +\infty$ か，$x \to -\infty$ かに従って，$e^z \to \infty$ か，$e^z \to 0$ となる．しかし虚軸に沿って $z \to \infty$ となるときには，$x = 0$ だから，上式から $\cos y + i \sin y$ の $y \to \infty$ へいくときの状況を調べることになる．しかし $\cos y + i \sin y$ は，単位円上をぐるぐるまわっているだけである．$z \to \infty$ となる方によって，e^z の挙動はまったく多様な，予知し難いものになっている．

　私たちは，リーマン球面を必要に応じて考えるが，一般的には，複素平面上の領域で定義された関数を考えることにする．それでも，$z \to \infty$，または $w \to \infty$ という状況を考えるとき，点が，リーマン球面上で，北極点へ向かって走っているという描像をもつことが，ずっと考えやすいということが多いのである．

第 **13** 講

複素関数の微分

テーマ

◆ 実数のときの微分の定義——1 変数のときと 2 変数のとき

◆ 複素関数の微分の定義

◆ 実数の場合と，複素数の場合，微分の定義は形式的には同じであ
るが，本質的な内容はまったく違う．

◆ コーシー・リーマンの関係式

実数のときの微分の定義

いよいよこれからは，複素数の関数 $w = f(z)$ に対し，微分の考えを導入する
ことが主題となってくる．その主題に入る前に，実数のときの微分の定義につい
て，ごく基本的なことだけ復習しておこう．

いま数直線上で定義された実数値関数

$$q = f(p)$$

を考える (記号は，複素数のときとの違いをはっきりさせるために，通常の x, y
ではなくて，p, q を用いてある)．数直線の 1 点 p_0 で f が微分可能であるとは

$$\lim_{p \to p_0} \frac{f(p) - f(p_0)}{p - p_0}$$

が存在することである．そしてこの値を $f'(p_0)$ とかき，p_0 における f の微係数
という．すなわち

$$\lim_{p \to p_0} \frac{f(p) - f(p_0)}{p - p_0} = f'(p_0) \tag{1}$$

である．$f'(p_0)$ は，$q = f(p)$ のグラフの点 $(p_0, f(p_0))$ における接線の傾きを表
わしている．

(1) は分母をはらって，極限値の定義に戻ると

$$f(p) - f(p_0) = f'(p_0)(p - p_0) + \varepsilon(p - p_0)$$

88   第 13 講　複素関数の微分

とかいてもよい．ここで ε は，$p \to p_0$ のとき，0 へ近づく数である．

　簡単な注意であるが，逆に関数 $q = f(p)$ が，点 p_0 の近くで適当な定数 A によって

$$\begin{cases} f(p) - f(p_0) = A(p - p_0) + \varepsilon(p - p_0) \\ \varepsilon \to 0 \quad (p \to p_0 \text{ のとき}) \end{cases} \tag{2}$$

とかき表わされているならば，$p - p_0$ で辺々を割って $p \to p_0$ とすると (1) が成り立ち，かつ

$$A = f'(p_0)$$

となっている．したがって (2) を，点 p_0 における微分可能性の定義としても採用してよいのである．

　2 変数の実数値関数

$$s = f(p, q)$$

に対して，微分可能性を定義するには，(2) の考えを，2 変数にまで一般化して考えようとするのが最も自然である．すなわち，1 点 (p_0, q_0) で $f(p, q)$ が微分可能であるとは，適当な定数 A, B をとると

$$\begin{cases} f(p, q) - f(p_0, q_0) = A(p - p_0) + B(q - q_0) + \varepsilon\{(p - p_0) + (q - q_0)\} \\ \varepsilon \to 0 \quad (p \to p_0,\ q \to q_0 \text{ のとき}) \end{cases} \tag{3}$$

が成り立つことである．

　このとき，A, B はそれぞれ上式で，$q = q_0$，$p = p_0$ とおいて，$p \to p_0$，$q \to q_0$ とすることにより求められる．すなわち

$$A = \lim_{p \to p_0} \frac{f(p, q_0) - f(p_0, q_0)}{p - p_0}$$

$$B = \lim_{q \to q_0} \frac{f(p_0, q) - f(p_0, q_0)}{q - q_0}$$

である．A, B を，それぞれ点 (p_0, q_0) における f の p に関する偏微係数，q に関する偏微係数といって

$$A = \frac{\partial f}{\partial p}(p_0, q_0), \quad B = \frac{\partial f}{\partial q}(p_0, q_0)$$

で表わす．

　用語について 1 つコメントを与えておくと，(3) が成り立つとき，f は点 (p_0, q_0)

で全微分可能であるとかいてある教科書も多い．全微分可能といういい方は，歴史的なものであるが，最近の数学の観点からいえば，私は単に微分可能といった方がすっきりしていると思う．

複素関数の微分の定義

複素平面のある領域 D で定義された複素数値をとる関数

$$w = f(z)$$

が与えられたとする．z_0 を領域 D 内の 1 点とする．

【定義】　極限値
$$\lim_{z \to z_0} \frac{f(z) - f(z_0)}{z - z_0}$$

が存在するとき，f は，z_0 で微分可能であるといい，この極限値を $f'(z_0)$ で表わす：

$$\lim_{z \to z_0} \frac{f(z) - f(z_0)}{z - z_0} = f'(z_0) \tag{4}$$

すなわち，ある複素数 A があって，$|z - z_0| \to 0$ のとき，

$$\left| \frac{f(z) - f(z_0)}{z - z_0} - A \right| \to 0$$

となるとき，f は z_0 で微分可能で，$A = f'(z_0)$ と定義するのである．

この定義を，数直線上で定義された実数値関数の場合の定義 (1) と見比べてみると，実はまったく対照的な 2 つの面——形式の類似と，内容の本質的な違い——がこの対比の中から浮かび上がってくるのである．

実際，(4) の定義の形式は見たところ実数の場合とそっくり同じ形式をとっており，違ったところなど，どこにも見当らないようである．このことから，次のような命題は，実数の場合と同様に導かれることは，すぐに類推される．

(i)　$f(z)$ が z_0 で微分可能ならば，$f(z)$ は z_0 で連続である．

(ii)　$f(z)$, $g(z)$ が z_0 で微分可能ならば，$f + g$, $f - g$, fg も z_0 で微分可能であって

$$(f + g)'(z_0) = f'(z_0) + g'(z_0)$$
$$(f - g)'(z_0) = f'(z_0) - g'(z_0)$$

90　第 13 講　複素関数の微分

$$(fg)'(z_0) = f'(z_0)\, g(z_0) + f(z) g'(z_0)$$

また $g(z_0) \neq 0$ ならば，$\dfrac{f}{g}$ も z_0 で微分可能であって

$$\left(\frac{f}{g}\right)'(z_0) = \frac{f'(z_0)\, g(z_0) - f(z_0)\, g'(z_0)}{\{g(z_0)\}^2}$$

実際これらを証明せよ，といわれれば，微積分の教科書を見ながら，実数のときの証明をそっくりそのままなぞらえればよい.

実数の場合と本質的に異なる様相

定義の形だけを表面的に見ている限りでは，実数の場合 (1) と，複素数の場合 (4) とは，同じ定義の仕方をとっているが，もう少し立ち入って (1) と (4) の述べていることを比べてみると，本質的に違う微分の様相が現われてくるのである．それは実数と複素数の違いからくる.

その意味で，(1) と (4) の対比の中から，外観の類似と内容の違いといった 2 つの面がでてくるといってよい．たとえていえば，実数と複素数という本来まったく異なっている 2 つのものに，同じ‘微分’という衣裳を与えてみたということになっているのである.

では，どのような点が実数の場合と本質的に違うのか，それをこれから少しずつ明らかにしていきたい.

そのため，まず 2 つの複素数 α, β が等しいということは，実数部分と虚数部分に注目すると

$$\text{(I)} \quad \Re(\alpha) = \Re(\beta), \quad \Im(\alpha) = \Im(\beta)$$

が成り立つことであり，また極形式に注目すると

$$\text{(II)} \quad |\alpha| = |\beta|, \quad \arg\alpha = \arg\beta$$

が成り立つことであったことを思い出しておこう.

(I) にしろ，(II) にしろ，2 つの複素数 α と β が等しいということは，実数の立場から見ると 2 つの実数の組が等しいという関係——2 つの情報——を提供しているのである.

そうすると，等式
$$\lim_{z \to z_0} \frac{f(z) - f(z_0)}{z - z_0} = f'(z_0) \tag{4}$$
も，(I)，(II) に対応して，実数についての何か 2 つの情報を与えているのだろうと予想されてくる．

それを見るには，(4) のような極限の形ではなくて，実数の微分の定義を (2) にかき直したように，(4) を等式の形にかき直しておいた方がよい．すなわち (4) を
$$\begin{cases} f(z) - f(z_0) = A(z - z_0) + \varepsilon(z - z_0) \\ \varepsilon \to 0 \quad (z \to z_0 \text{ のとき}) \end{cases} \tag{5}$$
と表わしておいた方がよい．

ここで注意することは，A も ε も複素数であるということである．

コーシー・リーマンの関係式 ((I) に対応して)

(5) は，複素数に関する等式の形となったから，(I) を適用して，両辺の実数部分，虚数部分が等しいという，2 つの関係式を導くことができる．

そのため，$f(z), A, \varepsilon$ をそれぞれ実数部分，虚数部分にわけて
$$f(z) = u(x,y) + iv(x,y) \quad (z = x + iy)$$
$$A = a + ib$$
$$\varepsilon = \varepsilon_1 + i\varepsilon_2$$
とおく．また $z_0 = x_0 + iy_0$ とおく．このとき (5) は
$$\{u(x,y) + iv(x,y)\} - \{u(x_0,y_0) + iv(x_0,y_0)\}$$
$$= (a + ib)\{(x - x_0) + i(y - y_0)\} + (\varepsilon_1 + i\varepsilon_2)\{(x - x_0) + i(y - y_0)\}$$
という式になる．

この実数部分，虚数部分を見比べると
$$u(x,y) - u(x_0,y_0) = a(x - x_0) - b(y - y_0) + \varepsilon_1(x - x_0) - \varepsilon_2(y - y_0) \tag{6}$$
$$v(x,y) - v(x_0,y_0) = b(x - x_0) + a(y - y_0) + \varepsilon_2(x - x_0) + \varepsilon_1(y - y_0) \tag{7}$$
という 2 つの関係式が得られる．
$$z \to z_0 \text{ のとき } \varepsilon \to 0$$

という関係は，ここでは

$$x - x_0, \ y - y_0 \to 0 \text{ のとき}, \quad \varepsilon_1, \varepsilon_2 \to 0$$

と表わされる．

ここで (3) を参照すると，(6) は 2 変数 x, y についての実数値関数 $u(x, y)$ が (x_0, y_0) で微分可能であって

$$\frac{\partial u}{\partial x}(x_0, y_0) = a, \quad \frac{\partial u}{\partial y}(x_0, y_0) = -b \tag{8}$$

であることを示している．同様に，(7) は 2 変数 x, y についての実数値関数 $v(x, y)$ が (x_0, y_0) で微分可能であって

$$\frac{\partial v}{\partial x}(x_0, y_0) = b, \quad \frac{\partial v}{\partial y}(x_0, y_0) = a \tag{9}$$

であることを示している．

(8) と (9) から，関係式

$$\frac{\partial u}{\partial x}(x_0, y_0) = \frac{\partial v}{\partial y}(x_0, y_0)$$

$$\frac{\partial u}{\partial y}(x_0, y_0) = -\frac{\partial v}{\partial x}(x_0, y_0)$$

が得られた．これをコーシー・リーマンの関係式という．

それでは (5) に，(II) の見方を適用してみると，どのような結果が得られるのだろうか．これは次講で述べることにしよう．

Tea Time

質問 コーシー・リーマンの関係式の証明はわかりましたが，このような数学的に明快な証明というのは，水が澱みなく流れてしまうようで，この関係式をどのように考えてよいのか，僕たちにはこれ以上手がかりがなくなってしまいます．もしできることでしたら，もう少し説明を補足していただけませんか．

答 このコーシー・リーマンの関係式の証明は，それほど深刻なものではないが，

やはり結果の意味しているものは，わかりにくいかもしれない．もう少し説明を加えてみよう．複素数の関数 $f(z)$ に対し
$$\lim_{z \to z_0} \frac{f(z) - f(z_0)}{z - z_0} = f'(z_0)$$
が成り立つということは，z が z_0 にどんな近づき方をしても，左辺の極限値はいつでも，$f'(z_0)$ という決まった複素数に近づくということである．

実数のときに対応することは，右から近づいたときの右側微係数と，左から近づいたときの左側微係数が一致するとき，微分可能であるといういい方になる．ところが，複素数の場合には，前講の図 55 で示してあるような点列の収束の模様から，$z \to z_0$ の多様さを思ってみると，事情が全然違うということが察せられるだろう．

特に，z が z_0 に近づく近づき方に，実軸に平行な方向から近づくときと，これに垂直な方向，すなわち虚軸に平行な方向から近づくときという，典型的な 2 つの場合がある．

$z = x + iy$, $z_0 = x_0 + iy_0$ とおくと，実軸方向から近づくとは
$$x + iy_0 \to x_0 + iy_0 \quad (x \to x_0)$$
であり，虚軸方向から近づくとは
$$x_0 + iy \to x_0 + iy_0 \quad (y \to y_0)$$
ということである (図 56).

このそれぞれの場合に $f(z) = u(x,y) + iv(x,y)$ の $z = z_0$ における微分を求めてみる．まず実軸方向から近づく場合：

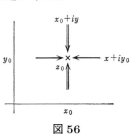

図 56

$$\lim_{x \to x_0} \frac{\{u(x,y_0) + iv(x,y_0)\} - \{u(x_0,y_0) + iv(x_0,y_0)\}}{(x + iy_0) - (x_0 + iy_0)}$$
$$= \lim_{x \to x_0} \frac{u(x,y_0) - u(x_0,y_0)}{x - x_0} + i \lim_{x \to x_0} \frac{v(x,y_0) - v(x_0,y_0)}{x - x_0}$$
$$= \frac{\partial u}{\partial x} + i \frac{\partial v}{\partial x}$$

次に虚軸方向から近づく場合：
$$\lim_{y \to y_0} \frac{\{u(x_0,y) + iv(x_0,y)\} - \{u(x_0,y_0) + iv(x_0,y_0)\}}{(x_0 + iy) - (x_0 + iy_0)}$$
$$= \lim_{y \to y_0} \frac{u(x_0,y) - u(x_0,y_0)}{i(y - y_0)} + \lim_{y \to y_0} \frac{i\{v(x_0,y) - v(x_0,y_0)\}}{i(y - y_0)}$$
$$= -i \frac{\partial u}{\partial y} + \frac{\partial v}{\partial y}$$

この 2 式が等しい $(=f'(z_0)$！$)$ のだから，両式の実数部分，虚数部分を比較して
$$\frac{\partial u}{\partial x}=\frac{\partial v}{\partial y}, \quad \frac{\partial u}{\partial y}=-\frac{\partial v}{\partial x}$$
が得られる．これはコーシー・リーマンの関係式にほかならない．

質問 コーシー・リーマンの関係式といいますが，コーシーとリーマンは，2 人の数学者の名前なのですか．
答 その通りであって，コーシー (1789–1857) は，解析学でたくさんの業績を残したフランスの数学者である．ドイツの人がガウスの名を挙げると，フランスの人はコーシーの名前を挙げるくらい有名な数学者である．コーシーは複素数の関数の理論——関数論——の創始者として知られているが，複素数の関数の線積分が，道のとり方によらない (第 21 講参照) 条件として，1825 年の論文で上の関係式を最初に見出したのである．

一方，リーマン (1826–1866) はドイツの数学者で，19 世紀の数学者の中でも最も深い洞察力と予見力をもつ天才的な数学者である．リーマンは，1851 年に発表した学位論文'複素変数の関数の理論に対する基礎'の中で，ここに述べた，コーシー・リーマンの関係式を複素関数論の出発点においたのである．

A. L. コーシー

G. F. B. リーマン

第 **14** 講

正則関数と等角性

テーマ
- ◆ 微分可能性と '無限小における' 相似性
- ◆ 正則関数
- ◆ 導関数
- ◆ 正則性とコーシー・リーマンの関係式の同値性
- ◆ 2 曲線のなす角
- ◆ 等角写像の原理

相　似　性 ((II) に対応して)

　この講は前講からの続きとなっている．前講の (5) で $A = f'(z_0)$ として，改めて (5) をもう一度かくと

$$
\begin{cases}
f(z) - f(z_0) = f'(z_0)(z - z_0) + \varepsilon(z - z_0) \\
\varepsilon \to 0 \quad (z \to z_0 \text{ のとき})
\end{cases}
\tag{1}
$$

である．

　この両辺の絶対値と偏角が等しいということから，どのような結論が導かれるかを調べたいというのが (II) の観点であった．

　(1) の右辺を $(z - z_0)$ でまとめてから，両辺の絶対値と偏角をとると

$$
|f(z) - f(z_0)| = |f'(z_0) + \varepsilon| \, |z - z_0| \tag{2}
$$

$$
\arg(f(z) - f(z_0)) = \arg(f'(z_0) + \varepsilon) + \arg(z - z_0) \tag{3}
$$

となる．

　いま

$$
f'(z_0) \neq 0
$$

とする．この仮定のもとで，(2) と (3) がどんなことを意味しているかを考えてみ

よう．

$f'(z_0) \neq 0$ だから，z が z_0 に十分近くなり，したがって ε が十分小さくなると，

$$|f'(z_0) + \varepsilon| \fallingdotseq |f'(z_0)|$$
$$\arg(f'(z_0) + \varepsilon) \fallingdotseq \arg f'(z_0)$$

となる．$\fallingdotseq$ は近似的に等しいという意味であって，$z \to z_0$ のとき，この両辺の比は 1 に近づく．($f'(z_0) \neq 0$ という仮定は，特に 2 番目の式で $\arg f'(z_0)$ が確定した値をもつということに必要である．)

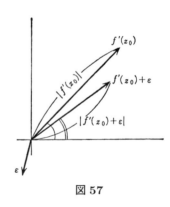

図 57

したがって (2)，(3) は

$$|f(z) - f(z_0)| \fallingdotseq |f'(z_0)||z - z_0| \qquad (2)'$$
$$\arg(f(z) - f(z_0)) \fallingdotseq \arg f'(z_0) + \arg(z - z_0) \qquad (3)'$$

とかける．

もともと絶対値と偏角は，複素数を複素平面上に表示することによって得られたものだから，$(2)'$，$(3)'$ の意味するものは，複素平面上に図示されるような，ある幾何学的なものであるに違いない．実際，$(2)'$ は $|f(z) - f(z_0)|$ と $|z - z_0|$ の比が，z が z_0 に十分近ければ，一定値 $|f'(z_0)|$ にほぼ等しいことをいっている．一方，$(3)'$ はベクトル $\overrightarrow{f(z_0)f(z)}$ の偏角は，ベクトル $\overrightarrow{z_0 z}$ の偏角に一定値 $\arg f'(z_0)$ を加えたものにほぼ等しいことをいっている．

さて，z_0 に近い 3 点 z_1, z_2, z_3 をとってこの状況を図示してみよう．これは図 58 のようになる (図をわかりやすくするため，z_1, z_2, z_3 は z_0 からだいぶ離したところにかいてある)．ここで $|f'(z_0)|$ は 2，$\arg f'(z_0)$ は $\dfrac{\pi}{3}$ ($= 60°$) にとってある．右図のベクトルの先のあたりに斜線をつけてあるのは，

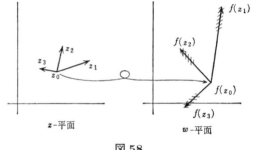

図 58

$f(z_1), f(z_2), f(z_3)$ は，大体このあたりにあることを示唆している．

この図を見てすぐにわかることは，z_0 を始点とするベクトルの模様が，近似的ではあるが，ほぼ相似に，$f(z_0)$ の近くへうつされているということである．そう思って改めて $(2)'$, $(3)'$ を見ると，$(2)'$ は相似比が $|f'(z_0)|$ であること，$(3)'$ は回転角が $\arg f'(z_0)$ であることを表わす近似式となっている．

このことを，

'$w = f(z)$ が $z = z_0$ で微分可能であって，かつ $f'(z_0) \neq 0$ ならば，$z = z_0$ で，f は無限小の意味で相似写像となっている'

といい表わした方が，一層状況を鮮明なものにするかもしれない．

正 則 関 数

いままで 1 点 z_0 における微分可能性を論じてきた．しかし，1 点での微分可能性は，もちろん微分の概念の導入に対する第一歩である．私たちはこれからは，いたるところ微分できるような関数を取り扱いたい．そのため次の定義をおく．

【定義】 領域 D で定義された関数 $w = f(z)$ が，D の各点で微分可能なとき，f を D 上の正則関数という．

f が正則なとき，D の各点 z に対して $f'(z)$ を考えることができる．$f'(z)$ は D 上で定義された関数になる．$f'(z)$ を $f(z)$ の導関数という．

ここで新しい言葉 '正則関数' が導入された．複素数のときには，微分可能な関数といういい方はふつうはしない．これには歴史的な由来があって，19 世紀の半ば頃，コーシーが，現在関数論とよばれるようになった複素関数の微分の理論をつくったとき，各点で $f'(z)$ が存在して連続となる関数を正則な関数とよんだことによっている．いまでは $f'(z)$ の連続性は仮定しなくてもよいことが知られている (第 23 講参照)．

確かに上に見たように，実数の場合と複素数の場合とでは '微分' の意味するものがかなり違うのだから，概念を明確に区別するためには，'正則' という言葉を用いるのは効果的であると思う．

さて，$w = f(z)$ を D 上で正則な関数とする．$f(z)$ は D の各点で微分可能だから，

$$f(z) = u(x,y) + iv(x,y)$$

とすると，$u(x,y), v(x,y)$ もまた (2 変数の実数値関数として) 各点で微分可能と

98　第 14 講　正則関数と等角性

なる．さらに D の各点でコーシー・リーマンの関係式

$$\frac{\partial u}{\partial x} = \frac{\partial v}{\partial y}, \quad \frac{\partial u}{\partial y} = -\frac{\partial v}{\partial x}$$

が成り立つ．

　逆に，前講の‘コーシー・リーマンの関係式’の項における議論を逆にたどってみると，次のことが成り立つこともわかる．

D 上で定義された 2 つの実数値関数 $u(x,y)$, $v(x,y)$ が次の 2 つの条件をみたすとする．

(i) $u(x,y)$, $v(x,y)$ は微分可能

(ii) $\dfrac{\partial u}{\partial x} = \dfrac{\partial v}{\partial y}, \quad \dfrac{\partial u}{\partial y} = -\dfrac{\partial v}{\partial x}$

このとき

$$f(z) = u(x,y) + iv(x,y), \quad z = x + iy$$

とおくと，$f(z)$ は D 上で正則な関数となる．

　この意味でコーシー・リーマンの関係式は，$f(z)$ が正則関数となるための必要十分条件を与えている．

　なお，$f(z)$ をこのように実数部分，虚数部分にわけて表わしておいたとき，導関数 $f'(z)$ は，実軸方向から微分した形によって

$$f'(z) = \frac{\partial u}{\partial x} + i\frac{\partial v}{\partial x}$$

と表わされることを注意しておこう．虚軸方向から微分した形は

$$f'(z) = \frac{1}{i}\frac{\partial u}{\partial y} + \frac{\partial v}{\partial y} \left(= -i\frac{\partial u}{\partial y} + \frac{\partial v}{\partial y} \right)$$

となる．

　なお，89 頁で述べたように，微分可能ならば連続なのだから，正則関数は連続な関数となっている．

2 曲線のなす角

　領域 D 上で定義された正則関数 $w = f(z)$ が与えられたとき，z-平面上の領域

D から w-平面への写像が与えられたと考えることができる．このとき D の各点で，この講の最初に述べた意味で，相似性 (無限小の！) が成り立っている．このうち，長さの比をほぼ保つといういい方は，これ以上正確な言葉におき直して述べることは難しいのだが，角をほぼ保つという性質は，極限にうつった形で，もう少し明確な性質として捉えることができる．

それを説明する準備として，2 曲線のなす角についてまず述べておこう．

そのため，複素平面上の微分可能な曲線

$$z = z(t), \quad 0 \leqq t \leqq 1$$

を考える．すなわち，$z(t)$ は，数直線上の区間 $[0, 1]$ から複素平面への連続写像で，

$$\lim_{t \to t_0} \frac{z(t) - z(t_0)}{t - t_0} = z'(t_0)$$

が各点 $t_0 \in [0, 1]$ で存在するようなものである．$z(0)$ を始点，$z(1)$ を終点という．

いま，$z_0 \in D$ を始点とする D 内の 2 つの微分可能な曲線

$$C_1 : z_1 = z_1(t)$$
$$C_2 : z_2 = z_2(t) \qquad 0 \leqq t \leqq 1$$

が与えられたとする．ここで

$$z_1'(0) \neq 0, \quad z_2'(0) \neq 0 \qquad (1)$$

を仮定する．図 59 で示してあるようにベクトル表示で

$$\overrightarrow{z_0 z_1(t)} = \overrightarrow{PQ}, \quad \overrightarrow{z_0 z_2(t)} = \overrightarrow{PR}$$

と表わすことにしよう．このとき

$$\angle \mathrm{QPR} = \arg \frac{z_2(t) - z_2(0)}{z_1(t) - z_1(0)} \qquad (2)$$

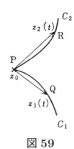

図 59

である．

$t \to 0$ のとき，C_1 上では $\mathrm{Q} \to \mathrm{P}$，$C_2$ 上では $\mathrm{R} \to \mathrm{P}$ となる．このとき，$\angle \mathrm{QPR}$ は，点 P における 2 曲線 C_1, C_2 の接線のつくる角へと近づく．この接線のつくる角は，(2) 式の右辺に表われる分数の，分母，分子を t で割って，$t \to 0$ とすることにより，

$$\arg \frac{z_2'(0)}{z_1'(0)} = \arg z_2'(0) - \arg z_1'(0)$$

で与えられることがわかる．

これを，z_0 における，2曲線 C_1, C_2 のなす角という．

等 角 写 像

$w = f(z)$ を領域 D で定義された正則な関数とする．z_0 を D 内の 1 点とし，C_1, C_2 を，上に述べた性質 (1) をもつ，z_0 を始点とする D 内の 2 曲線とする．

$w_0 = f(z_0)$ とおき，$f'(z_0) \neq 0$ が成り立っているとする．このとき

$$\tilde{C}_1 : w_1(t) = f(z_1(t))$$
$$\tilde{C}_2 : w_2(t) = f(z_2(t))$$
$$0 \leq t \leq 1$$

とおくと，$\tilde{C}_1, \tilde{C}_2$ は，w_0 を始点とする微分可能な曲線となる．たとえば $t = 0$ における微分の値は次のように求められる．

$$w_1'(0) = \lim_{t \to 0} \frac{f(z_1(t)) - f(z_1(0))}{t} = \lim_{z_1 \to z_0} \frac{f(z_1) - f(z_0)}{z_1 - z_0} \lim_{t \to 0} \frac{z_1(t) - z_1(0)}{t}$$
$$= f'(z_0) z_1'(0)$$

同様に

$$w_2'(0) = f'(z_0) z_2'(0)$$

特に，仮定から $w_1'(0) \neq 0$，$w_2'(0) \neq 0$ のことがわかる．

したがって w-平面上の 2 曲線 $\tilde{C}_1, \tilde{C}_2$ の w_0 においてなす角を考えることができる．この角は

$$\arg \frac{w_2'(0)}{w_1'(0)} = \arg \frac{f'(z_0) z_2'(0)}{f'(z_0) z_1'(0)} = \arg \frac{z_2'(0)}{z_1'(0)}$$

である．この右辺は，C_1, C_2 の z_0 においてなす角となっている！

すなわち，$\tilde{C}_1, \tilde{C}_2$ の w_0 においてなす角は，C_1, C_2 の z_0 においてなす角に等しい．正則関数 $w = f(z)$ は 2 曲

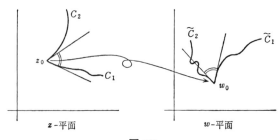

図 60

線のなす角を保つのである．これを等角写像の原理という．

これは重要なことだから，まとめて述べておこう．

> $w = f(z)$ を領域 D で定義された正則関数とし，領域内の 1 点 z_0 で，$f'(z_0) \neq 0$ が成り立っているとする．$w_0 = f(z_0)$ とおく．このとき，z_0 において 2 曲線のなす角は，f によって，等角に，w_0 における 2 曲線のなす角へとうつされる．

これが，具体的な例ではどのような状況となって反映するかは，次講以降で見ていくことにしよう．

Tea Time

質問 今回は質問の時間がまわってくるのを，待ち構えていました．奇妙なことに気がついたのです．相似性のときの説明にあった図 58 を見ていると，z_0 と z_1 の f による行く先が決まると，ベクトル $\overrightarrow{f(z_0)f(z_1)}$ が決まって，そうするともう，z_0 の近くにある点 z_2 や z_3 の行く先 $f(z_2)$，$f(z_3)$ もほぼ決まってしまいます．どうして z_2 や z_3 の行く先はもっと自由に決めることができないのでしょうか．関数 $f(z)$ が D で正則ならば，各点でいつもこんな妙なことがおきているわけですね．関数の値はかなり自由にとれるものと思っていたのに，なぜこのような妙なことがおきるのでしょうか．僕は何か勘違いしているのかもしれません．'相似性' の項にあった，'ほぼ' 図 58 のようになるという説明に原因があるのでしょうか．

答 この奇妙さを感じとったのは正しい状況を把握したので，けっして勘違いなどでない．原因は，'ほぼ' という近似的な状況の説明の仕方にあるのでなくて，複素関数 $f(z)$ の微分可能性——正則性——にある．実数のときは，微分可能という条件を課しても，関数はいわば自由にはばたいている．私たちは座標平面に勝手にグラフをかいても，'かど' さえなければ，これは微分可能な関数を表わしていると思っている．ところが，複素数へうつると，この事情は一変する．正則な関数は，異なる点でとる値が互いに関係し合っていて，勝手に一部分だけで値

102　第 14 講　正則関数と等角性

を変えるというわけにはいかないのである．この正則関数の強い性質——それは
剛性といってもよいものであるが——については，あと (第 26 講) で詳しく述べ
るが，'相似性' の説明の中から，このような '奇妙さ' を見出したのはすぐれた
注意力だと思う．何度も繰り返すようだが，複素関数 $f(z)$ では，微分の定義が，
複素平面のどの方向から近づいても，方向に関係なく，一定の値 $f'(z_0)$ に近づ
くということが，実数のときと比べて，はるかに強い制約を f に与えているので
ある．

第 **15** 講

正則な関数と正則でない関数

― テーマ ―
◆ 正則関数の和と積
◆ z の整式と有理式の正則性
◆ $w = z^2$ の正則性——コーシー・リーマンの関係式と等角性の検証
◆ 正則でない関数の例：$w = \bar{z}$, $w = \Re(z)$

正則関数の和と積

第 13 講で見たように，$f(z), g(z)$ が $z = z_0$ で微分可能ならば，$f(z) + g(z)$，$f(z) - g(z)$，$f(z)g(z)$，$\dfrac{f(z)}{g(z)}$ $(g(z_0) \neq 0)$ も $z = z_0$ で微分可能である．

f と g が領域 D で正則な関数ならば，このことは D の各点 z_0 で成り立つことになる．したがって次のことがいえる．

> $f(z), g(z)$ を領域 D で正則な関数とすると，$f(z) + g(z)$，$f(z) - g(z)$，$f(z)g(z)$ も D で正則な関数となる．また領域 D で $g(z) \neq 0$ ならば $\dfrac{f(z)}{g(z)}$ も D で正則な関数となる．

z の整式と有理式

$f(z) = z$ はもちろん全平面で正則な関数であって

$$f'(z) = (z)' = 1$$

である．また $f(z) = \alpha$ (定数) も全平面で正則な関数であって $f'(z) = 0$ である．

このことから，定数と z から和と積をとって得られる整式

$$f(z) = \alpha_0 + \alpha_1 z + \alpha_2 z^2 + \cdots + \alpha_n z^n$$

も全平面で正則な関数であることがわかる．

また $g(z) = \beta_0 + \beta_1 z + \beta_2 z^2 + \cdots + \beta_m z^m$ が領域 D で 0 とならないならば，

104 第 15 講 正則な関数と正則でない関数

D 上で有理式

$$\frac{f(z)}{g(z)} = \frac{\alpha_0 + \alpha_1 z + \alpha_2 z^2 + \cdots + \alpha_n z^n}{\beta_0 + \beta_1 z + \beta_2 z^2 + \cdots + \beta_m z^m}$$

も正則な関数となる.

$$\boldsymbol{w = z^2}$$

最も簡単な正則関数 $w = z^2$ のときに,コーシー・リーマンの関係式と等角性がどのようになっているかを調べてみよう.

$z = x + iy$ とおくと

$$z^2 = (x + iy)^2 = x^2 - y^2 + 2ixy = u(x, y) + iv(x, y)$$

したがって

$$u(x, y) = x^2 - y^2, \quad v(x, y) = 2xy$$

である. u, v を偏微分して

$$\frac{\partial u}{\partial x} = 2x, \quad \frac{\partial v}{\partial x} = 2y$$

$$\frac{\partial u}{\partial y} = -2y, \quad \frac{\partial v}{\partial y} = 2x$$

したがってこれらを見比べて,コーシー・リーマンの関係式

$$\frac{\partial u}{\partial x} = \frac{\partial v}{\partial y} = 2x, \quad \frac{\partial u}{\partial y} = -\frac{\partial v}{\partial x} = -2y$$

が成り立っていることがわかる.

等角性については,虚軸と実軸に,それぞれ平行な直線

$$y = b \ \text{と} \ x = a$$

が,どのようにうつるかを見てみよう.

$y = b$ のとき,

$$u = x^2 - b^2, \quad v = 2bx$$

したがって,$y = b$ の z^2 による像は

$$u = \frac{1}{4b^2} v^2 - b^2 \tag{1}$$

をみたす $u + iv$ で与えられる.

$x = a$ のとき,

$$u = a^2 - y^2, \quad v = 2ay$$

したがって，$x = a$ の z^2 による像は

$$u = -\frac{1}{4a^2}v^2 + a^2 \tag{2}$$

をみたす $u + iv$ で与えられる．

(1) と (2) は w-平面上の放物線の式を表わしている．$y = b$ と $x = a$ とは直交しているから，(1) と (2) も等角性によって原点以外では直交していなくてはならない．念のため $y = 1$，$x = 1$ のときに確かめてみると $y = 1$ と $x = 1$ の直線は，$1 + i$ を表わす z-平面上の点 P で直交している (図 61 の左図参照)．$w = z^2$ による P の像は，w-平面上の点 S であって，複素数 $2i$ を表わす点となっている．S において $u = \frac{1}{4}v^2 - 1$ の接線の傾きは 1，$u = -\frac{1}{4}v^2 + 1$ の傾きは -1 だから，確かに S において，2 曲線の交角は $\frac{\pi}{2}$ (直角！) であるという性質は保たれている．

これで，点 P と S における等角性は確かめられたのであるが，注意することは，図 61 において w-平面の点 T で 2 曲線が直交しているということは，$w = z^2$ の等角性には無関係であるということである．T は，$w = z^2$ によって Q と Q$'$ の像が重なっているのであって，z-平面のある交点がうつっているわけではない．

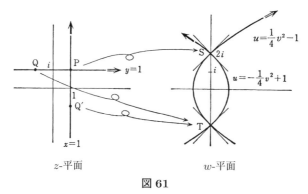

図 61

一般にある領域 D 上で定義された 1 対 1 の正則関数 $w = f(z)$ が与えられたとしよう．このとき，実軸に平行な直線群と虚軸に平行な直線群によってつくられる D 内の格子は，w-平面上のある直交する曲線群にうつされる．このようなこ

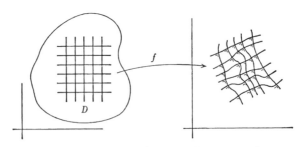

等角性を強調するため，多少モデル化してかいてある
図 62

とからも，正則関数とは非常に特殊な性質をもった関数であることが推察されるだろう．

正則でない関数

正則でない関数の中で最も簡単な例としては，z に対して共役複素数を対応させる関数

$$z \longrightarrow \bar{z} \tag{3}$$

や，$z = x + iy$ に対して，その実数部分を対応させる対応

$$z \longrightarrow x \tag{4}$$

などがある．

(3) の対応が正則関数を与えていないことをみるには，コーシー・リーマンの関係式が成り立たないことをみるとよい．$z = x + iy$ に対して，$\bar{z} = x - iy$ だから，$u(x,y) = x$, $v(x,y) = -y$ に対して，コーシー・リーマンの関係式が成り立たないことをみてみよう．

実際

$$\begin{aligned}\frac{\partial u}{\partial x} &= 1, & \frac{\partial v}{\partial x} &= 0 \\ \frac{\partial u}{\partial y} &= 0, & \frac{\partial v}{\partial y} &= -1\end{aligned} \tag{5}$$

で，$\frac{\partial u}{\partial x} \neq \frac{\partial v}{\partial y}$ となっている．

(4) のときには，$u(x,y) = x$, $v(x,y) = 0$ だから，$\frac{\partial u}{\partial x} = 1$, $\frac{\partial v}{\partial y} = 0$ となって，やはりコーシー・リーマンの関係式は成り立たない．

このような説明は，数学的には十分なのだが，多少形式的に見えるかもしれない．$\bar{z}$ が z の正則関数でないことを，もう少し具体的に説明してみよう．

図 63 では z に $\bar{z}$ を対応させる対応を，同じ複素平面上にかいてある．このとき，実軸方向から z に近づく矢印 → で示してある方向は，$\bar{z}$ に対しても同じ方向を示している．したがってこの方向から微分してみると，その微係数は 1 となるだろう．それ

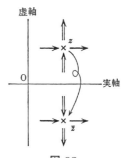

図 63

が (5) で $\dfrac{\partial u}{\partial x} = 1$ ということである．一方，縦方向の矢印は z から $\bar{z}$ へうつるとき，向きが逆転する．このことが $\dfrac{\partial v}{\partial y} = -1$ という式で表わされている．何度も繰り返して述べてきたように，複素関数の微分では，z に近づくすべての方向について，同じ微係数をもつことが要求されている．いまの場合，一方の方向だけが向きが逆転しているから，この要求がみたされていないのである．

Tea Time

質問 正則関数という感じは少しわかってきましたが，まだ不思議な感じがするのは，複素数へくると，微分できるという性質を付与した途端に，関数が魔法にかけられたように，等角性を示したり，勝手に値を変えられなくなったりすることです．しかしこのような正則関数はたくさんあるのでしょうか．$\bar{z}$ も正則関数でないし，実数部分，虚数部分をとることも正則関数にはなりません．z の整式以外に，正則関数などどうやって見つけるのでしょう．z の整式や有理式以外に，正則関数はあるのですか．

答 整式や有理式以外に正則関数はないのではないかという疑問はもっともなことである．しかし実際のところは，整式や有理式で表わされる関数が，すべて等角性を示すということ自体，すでに 1 つの驚きにはなっている．

関数をつくる手段として，数学では，整式を拡張する 1 つの手段が許されている．それは整式の次数をどんどん高めていって究極の形としたもの，すなわちベキ級数とよばれる関数

108   第 15 講   正則な関数と正則でない関数

$$f(z) = \alpha_0 + \alpha_1 z + \alpha_2 z^2 + \cdots + \alpha_n z^n + \cdots$$

を考えることができるからである．こんなに項の数を無限にしてしまうと，値などなくなってしまうのではないかと思うかもしれないが，最もよく知られているベキ級数

$$1 + z + z^2 + \cdots + z^n + \cdots$$

は，$|z| < 1$ のとき，関数 $\frac{1}{1-z}$ を表わしている (このことは，実数の場合の等比級数の和の公式を求める場合と，同じ考えで示すことができる)．関数 $\frac{1}{1-z}$ は $|z| < 1$ で正則である．この場合は，ベキ級数がすでに知っている有理関数 $\frac{1}{1-z}$ を表わしていたが，一般にはベキ級数は有理関数を表わしているとは限らない．

　この例は，一般に，ベキ級数 $f(z)$ は，収束する範囲の中では正則関数を示しているだろうということを予想させるものである．そして実際は，君がもう一度質問して，'それではベキ級数以外に正則関数はあるのですか' と聞くならば，'ある意味では，それ以外にはないのだ' という答になっただろう．これについては，これからおいおい明らかにしていくことにしよう．

第 16 講

ベキ級数の基本的な性質

テーマ

◆ ベキ級数

◆ 収束半径，収束円

◆ ベキ級数の基本的な性質

  (I) z_0 で収束すると $|z| < |z_0|$ で絶対収束する．

  (II) 収束半径についてのコーシー・アダマールの定理

  (III) 項別微分

◆ (I), (II) に対するコメント

ベ キ 級 数

ベキ級数とは，複素数列 $\alpha_0, \alpha_1, \ldots, \alpha_n, \ldots$ に対して

$$\alpha_0 + \alpha_1 z + \alpha_2 z^2 + \cdots + \alpha_n z^n + \cdots$$

と表わされる式のことである．式というよりは，このように表わされる‘式の形’を指すといった方がよいかもしれない．

要するにこのようにかいてみても，一般には，何かを意味するということは，あまりないのである．たとえば数列 $1, 2^2, 3^3, \ldots, n^n, \ldots$ に対応して得られるベキ級数

$$1 + z + 2^2 z^2 + 3^3 z^3 + \cdots + n^n z^n + \cdots \tag{1}$$

を考えてみる．このベキ級数に何か値を付与して，意味をつけようと思って，任意に 0 でない複素数 z をとって，和の記号 + の指示に従って，順次和をとっていってみる．

$1, \ 1+z, \ 1+z+2^2 z^2, \ 1+z+2^2 z^2+3^3 z^3, \ \ldots, \ 1+z+2^2 z^2+\cdots+n^n z^n, \ \ldots$

ところが，n が大きくなると，この値は，複素平面上でどんどん 0 から遠ざかっていく．複素平面の代りにリーマン球面上で考えれば，n が大きくなるにつれ，上

110　第 16 講　ベキ級数の基本的な性質

の部分和の系列は，しだいに無限遠点に近づいていく様相を呈してくる．だから
強いて (1) に意味をつけるとすれば

$$f(z) = 1 + z + 2^2 z^2 + \cdots + n^n z^n + \cdots$$

とおくと

$$f(0) = 1$$
$$f(z) = \infty \quad (z \neq 0 \text{ のとき})$$

となる．だが，これではつまらない．

しかし，この例とは正反対に，ベキ級数にはっきりとした意味がつくことがある．たとえば，ベキ級数

$$1 + z + \frac{z^2}{2!} + \frac{z^3}{3!} + \cdots + \frac{z^n}{n!} + \cdots \tag{2}$$

は，どんな複素数 z をとっても，部分和 $\sigma_n(z) = 1 + z + \frac{z^2}{2!} + \cdots + \frac{z^n}{n!}$ は n が大きくなるとき，ある決まった複素数へ近づくことがわかる．このときは

$$f(z) = 1 + z + \frac{z^2}{2!} + \cdots + \frac{z^n}{n!} + \cdots \quad (= \lim_{n \to \infty} \sigma_n(z))$$

とおくと，$f(z)$ は，複素平面全体で定義された 1 つの複素関数を与えている．

(1) の場合は，$z = 0$ 以外では発散している．(2) の場合は，すべての z に対して収束している．

一般的な観点から見ると，(1) も (2) も極端な場合であって，ふつうのベキ級数は，ちょうどこの中間にあるような振舞いをする．そのような例としては，前講の Tea Time でも述べた

$$1 + z + z^2 + \cdots + z^n + \cdots \tag{3}$$

がある．このベキ級数は $|z| < 1$ で収束し，$|z| \geqq 1$ で発散している．そして実際 $|z| < 1$ で，正則関数 $\frac{1}{1-z}$ を表わしている．したがって (3) のベキ級数は

$$f(z) = 1 + z + z^2 + \cdots + z^n + \cdots$$

とおくと，$|z| < 1$ のところだけで定義された複素関数を表わしていることになる．

収束半径，収束円

一般にベキ級数

$$\alpha_0 + \alpha_1 z + \alpha_2 z^2 + \cdots + \alpha_n z^n + \cdots \tag{4}$$

が与えられたとき，この収束，発散について次の3つのうちのいずれか1つの状況が生ずる．

(i) $z=0$ 以外では，すべての z に対して発散する ((1) のような場合)．

(ii) すべての z で収束する ((2) のような場合)．

(iii) ある正数 r が存在して

$$|z| < r \text{ では収束}$$
$$|z| > r \text{ では発散}$$

((3) のような場合)．

【定義】 (i) のときは，ベキ級数 (4) の収束半径は 0 であるという．(ii) のときは収束半径は ∞ であるという．(iii) のときは収束半径は r であるという．

(iii) のとき，複素平面上で原点中心，半径 r の円の内部 $\{z \mid |z| < r\}$ をベキ級数 (4) の<u>収束円</u>という．ベキ級数 (3) のときには，収束半径は 1 であって，収束円は単位円となっている．

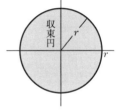

図 64

ベキ級数 (3) の場合には，収束円の周上の点，$|z|=1$ をみたす z に対しては，(3) は発散していた．しかし一般には，収束と発散の境界をつくっている収束円の周上 $\{z \mid |z|=r\}$ で，ベキ級数の行動は複雑である．

たとえば

$$1 + \frac{z}{1} + \frac{z^2}{2} + \cdots + \frac{z^n}{n} + \cdots$$

の収束半径は 1 であるが，収束円の周上では，$z=1$ だけで発散するが，それ以外では収束する．

また

$$1 + \frac{z}{1^2} + \frac{z^2}{2^2} + \cdots + \frac{z^n}{n^2} + \cdots$$

の収束半径も 1 であるが，収束円の周上にあるすべての z で収束している．

112   第 16 講　ベキ級数の基本的な性質

ベキ級数の基本的な性質

まず，ベキ級数のもつ基本的な性質を列記してみよう．

(I)　ベキ級数 (4) が $z = z_0$ のとき収束すれば，$|z| < |z_0|$ をみたす
すべての z に対して絶対収束する．

ここで絶対収束とは，(4) の各項の絶対値をとった級数

$$|\alpha_0| + |\alpha_1||z| + |\alpha_2||z|^2 + \cdots + |\alpha_n||z|^n + \cdots$$

が収束することである．この級数は正項級数であることを注意しよう．

(II)　ベキ級数 (4) の収束半径 r は

$$r = \frac{1}{\overline{\lim} \sqrt[n]{|\alpha_n|}}$$

で与えられる．ただし $\overline{\lim} \sqrt[n]{|\alpha_n|} = 0$ のときは，収束半径は ∞，
$\overline{\lim} \sqrt[n]{|\alpha_n|} = \infty$ のときは収束半径は 0 となる．

(III)　収束円内の点 z に対し

$$f(z) = \alpha_0 + \alpha_1 z + \alpha_2 z^2 + \cdots + \alpha_n z^n + \cdots$$

とおくと，$f(z)$ は，収束円上で定義された正則関数となる．$f(z)$ の導関数
は，右辺のベキ級数を項別に微分することにより得られる：

$$f'(z) = \alpha_1 + 2\alpha_2 z + 3\alpha_3 z^2 + \cdots + n\alpha_n z^{n-1} + \cdots$$

したがって $f'(z)$ は，再びベキ級数として表わされるが，この収束半径は，
$f(z)$ を定義したベキ級数の収束半径に等しい．

この (I), (II), (III) に対するコメントを以下で与えることにしよう．

(I) に対するコメント

(I) は，ベキ級数 (4) が 1 点 z_0 で収束していることがわかりさえすれば，(4) は
原点中心，半径 $|z_0|$ の円の内部で必ず収束していることが結論できるということ
をいっている．したがってこのことは

$$|z_0| \leqq \text{収束半怪}$$

を意味している.

　この事実は次のように用いられて, 1 つの原理として, 数学の視界を広げるのに役立つのである.

　微分・積分で, すべての実数 x に対して
$$\sin x = x - \frac{x^3}{3!} + \frac{x^5}{5!} - \cdots + (-1)^n \frac{x^{2n+1}}{(2n+1)!} + \cdots$$
という展開が成り立つことを知っている (テイラー展開！). この右辺の展開に注目して, これをベキ級数と見て, 変数 x を複素数 z におきかえてみる. そうすると, z に関するベキ級数
$$z - \frac{z^3}{3!} + \frac{z^5}{5!} - \cdots + (-1)^n \frac{z^{2n+1}}{(2n+1)!} + \cdots \tag{5}$$
が得られる. このベキ級数は, z が任意の実数 x に対しては収束していることは知っている. たとえば $z = 100$ では収束する——収束する値は $\sin 100$ である. したがって (I) から, ベキ級数 (5) は $|z| < 100$ で収束することが結論できる. もちろん, 100 は, 任意の正の実数におきかえてよいのだから, (5) は複素平面全体で収束して, 1 つの複素関数を表わす.

　同じように考えると, 対数関数のテイラー展開として微積分でよく知られた公式
$$\log(1+x) = x - \frac{x^2}{2} + \frac{x^3}{3} - \cdots + (-1)^{n-1} \frac{x^n}{n} + \cdots$$
は, $-1 < x \leqq 1$ で成り立つ. したがってこのことから複素数のベキ級数
$$z - \frac{z^2}{2} + \frac{z^3}{3} - \cdots + (-1)^{n-1} \frac{z^n}{n} + \cdots \tag{6}$$
は, $|z| < 1$ で収束しており, 単位円内で定義された 1 つの複素関数を定義していることがわかる.

　このように, 実数の範囲で与えられたベキ級数は, 実数を複素数の中に埋めて考えると, ちょうど水が堤防を破って平野へあふれ出ていくように, 実軸という枠を破って, 複素平面の収束円へと, その収束範囲を広げていくのである. この状況は実数の上で展開された微分・積分が, テイラー展開を媒介としながら, 複素数上の解析学へと広がっていく端緒を得たといってもよいだろう.

(II) に対するコメント

収束半径を知りたいだけならば，ベキ級数が具体的に表示されていれば，その係数から直接求めることができるというのが (II) の公式であって，この結果はコーシー・アダマールの定理として引用されることが多い．

(II) で与えた公式の右辺で，lim の記号の上に横棒がおいてある記号 $\overline{\lim}$ は，上極限を表わしている．(一般に実数列が与えられたとき，極限値は存在するとは限らないが，$+\infty$ まで許せば，上極限は集積値の中の最大なものとして必ず存在する．この定義については『解析入門 30 講』を参照していただきたい．)

実際の応用では，次の定理の方が有用である．

> (♯) ベキ級数 (4) で，もし
> $$\lim_{n \to \infty} \left| \frac{\alpha_n}{\alpha_{n+1}} \right|$$
> が存在するならば，この値は収束半径 r と一致する．

たとえばベキ級数 (6) では
$$\alpha_n = (-1)^{n-1} \frac{1}{n}$$
となっているから
$$\lim_{n \to \infty} \left| \frac{\alpha_n}{\alpha_{n+1}} \right| = \lim_{n \to \infty} \left| \frac{n+1}{n} \right| = 1$$
したがって (♯) から，ベキ級数 (6) の収束半径は 1 である．ベキ級数 (5) のときには $\alpha_{2n} = 0$ $(n = 1, 2, \ldots)$ だから，この定理は直接には使えない．

Tea Time

(I), (II), (III) の証明について

ここでは，(I), (II), (III) の証明を特に述べることはしなかった．その 1 つの理由は，この証明を述べるにはいろいろな準備的考察が必要となって，'複素数'というこの講義の一貫した流れから少し外れることをおそれたからである．実際，

(I), (II), (III) は‘複素数’という主題の中で述べるよりは，‘解析教程’の主題の中で述べた方がよい．この 30 講シリーズの中でも，実数の場合であったが，(I), (II), (III) に対応する定理は『解析入門 30 講』第 12 講，第 13 講で証明しておいた．その証明は，ほとんど修正することなく，複素数のベキ級数の場合にも適用されるのである．

第 17 講

ベキ級数と正則関数

テーマ

◆ (III) に対するコメント (前講のつづき)
◆ 項別微分についての注意
◆ ベキ級数と高階微分
◆ ベキ級数とテイラー展開の形
◆ ベキ級数の一意性
◆ ベキ級数から生まれた正則関数

(III) に対するコメント

前講で，ベキ級数に関する基本的な性質のうち，(I)，(II) についてコメントを加えたが，しかし (III) に対するコメントはまだ残っていた．この講は，そこから話をはじめていくことにしよう．

(III) で述べていることの最初の部分は，ベキ級数

$$\alpha_0 + \alpha_1 z + \alpha_2 z^2 + \cdots + \alpha_n z^n + \cdots \tag{1}$$

は，収束円の内部で正則関数 $f(z)$ を表わしているということである．整式や有理式以外に，正則関数の例をつくってみせることは，いままでは非常に難しいことであった．しかしここではじめて，ベキ級数を通して正則関数をつくる道が拓けたのである．

(III) の後半で述べていることは，この正則関数の導関数を求めるには，整式を微分するようにして (1) を微分すればよいということである．このことには何の問題もないと思われる読者がいるかもしれないので少し注意を述べておく．

級数の収束の定義に戻ってみると，ベキ級数 (1) が $f(z)$ を表わすとは

$$f(z) = \lim_{N \to \infty} \sum_{n=0}^{N} \alpha_n z^n$$

が成り立つことである．したがって $f'(z)$ を求めるのには，(1) を項ごとに微分すればよいという (III) で述べていることは，正確にかいてみると次の等式の系列が，逐次成り立っていくということである．

$$f'(z) = \lim_{h \to 0} \frac{f(z+h) - f(z)}{h}$$

$$= \lim_{h \to 0} \frac{1}{h} \left\{ \lim_{N \to \infty} \sum_{n=0}^{N} \alpha_n (z+h)^n - \lim_{N \to \infty} \sum_{n=0}^{N} \alpha_n z^n \right\}$$

$$= \lim_{h \to 0} \frac{1}{h} \lim_{N \to \infty} \left\{ \sum_{n=0}^{N} (\alpha_n (z+h)^n - \alpha_n z^n) \right\}$$

$$\overset{?}{=} \lim_{N \to \infty} \lim_{h \to 0} \left\{ \sum_{n=0}^{N} \left(\frac{\alpha_n (z+h)^n - \alpha_n z^n}{h} \right) \right\}$$

$$= \lim_{N \to \infty} \sum_{n=0}^{N} \lim_{h \to 0} \frac{\alpha_n (z+h)^n - \alpha_n z^n}{h}$$

$$= \lim_{N \to \infty} \sum_{n=1}^{N} n \alpha_n z^{n-1} = \sum_{n=1}^{\infty} n \alpha_n z^{n-1}$$

ここで $\overset{?}{=}$ とかいてある部分が，極限の交換という，一般には成り立たない‘危険な橋’を渡ったことになっている．$f'(z)$ を求めるのに項別に微分してもよいという保証は，実はこの‘危険な橋’をこの場合無事渡れるという保証を与えたことになっている．

　極限の交換が，一般には渡りきれない‘危険な橋’であることは，次の例からも推察されるだろう．

$n = 1, 2, \ldots$ によらず $\lim_{x \to 1} x^n = 1$ だから

$$\lim_{n \to \infty} \lim_{x \to 1} x^n = 1$$

である．しかし

$$\lim_{n \to \infty} x^n = \begin{cases} 0, & x < 1 \\ \infty, & x > 1 \end{cases}$$

だから，$\lim_{x \to 1} \lim_{n \to \infty} x^n$ は存在しない．

高階導関数の存在

　さらに (III) は，$f'(z)$ を表わすベキ級数が，$f(z)$ を表わすベキ級数と同じ収束

半径をもっていることを述べている．したがって，$f'(z)$ に対して，再び (III) を適用できる．すなわち，$f'(z)$ を表わすベキ級数を項別微分することにより，$f''(z)$ が得られる．$f''(z)$ も同じ収束円上で定義されている．

このようにして，ベキ級数で定義された正則関数は何回でも微分可能であって，項別微分を繰り返していくことにより，高階導関数の系列

$$f(z) \longrightarrow f'(z) \longrightarrow f''(z) \longrightarrow \cdots \longrightarrow f^{(n)}(z) \longrightarrow \cdots$$

が得られる．これらの関数は，すべて同じ円上——$f(z)$ の収束円上——で定義されている正則関数である．

ベキ級数と高階微分

このように，ベキ級数で表わされた正則関数 $f(z)$ は，何回でも微分できることがわかると，項別微分した結果

$$f(z) = \alpha_0 + \alpha_1 z + \cdots + \alpha_n z^n + \cdots$$
$$f'(z) = \alpha_1 + 2\alpha_2 z + \cdots + n\alpha_n z^{n-1} + \cdots$$
$$\cdots\cdots\cdots$$
$$f^{(n)}(z) = n!\alpha_n + (n+1)n \cdots 3 \cdot 2\alpha_{n+1} z + \cdots$$
$$\cdots\cdots\cdots$$

から，$z = 0$ とおくことにより，$f(0) = \alpha_0,\ f'(0) = \alpha_1,\ \ldots,\ f^{(n)}(0) = n!\alpha_n,\ \ldots$ が得られる．

すなわち，ベキ級数の係数は，$f(z)$ の高階導関数の $z = 0$ における値によって表わされる．したがって，テイラー展開に現われるのと同じ式の形で，$f(z)$ が表わされることになった．

$$f(z) = f(0) + \frac{f'(0)}{1!}z + \frac{f''(0)}{2!}z^2 + \cdots + \frac{f^{(n)}(0)}{n!}z^n + \cdots$$

ベキ級数の一意性

このことから次のベキ級数の一意性に関する結果が導かれる．

> 2つのベキ級数 $\sum_{n=0}^{\infty} \alpha_n z^n$, $\sum_{n=0}^{\infty} \beta_n z^n$ はともに収束半径は正とし，$z = 0$ の近くでは
> $$\sum_{n=0}^{\infty} \alpha_n z^n = \sum_{n=0}^{\infty} \beta_n z^n \tag{2}$$
> が成り立つとする．このとき，この2つのベキ級数は一致する．すなわち
> $$\alpha_0 = \beta_0,\ \alpha_1 = \beta_1,\ \alpha_2 = \beta_2,\ \ldots,\ \alpha_n = \beta_n,\ \ldots$$
> が成り立つ．

【証明】 十分小さい正数 ε をとったとき，$|z| < \varepsilon$ で (2) が成り立ったとする．$|z| < \varepsilon$ で
$$f(z) = \sum_{n=0}^{\infty} \alpha_n z^n, \quad g(z) = \sum_{n=0}^{\infty} \beta_n z^n$$
とおくと，このことは，$|z| < \varepsilon$ で $f(z) = g(z)$ を意味し，したがってまた $f^{(n)}(z) = g^{(n)}(z)$ $(n = 0, 1, 2, \ldots)$ が成り立つ．ゆえに
$$\alpha_n = \frac{f^{(n)}(0)}{n!} = \frac{g^{(n)}(0)}{n!} = \beta_n \quad (n = 0, 1, 2, \ldots)$$
となり，2つのベキ級数は一致する． ∎

さて，ベキ級数は収束円の中で何回も微分できる正則関数を表わしていることはすでに知っており，一方，正則関数を微分するにはどの方向から微分しても同じ値になるのだから，特に実軸方向に沿って微分してもよい．

このことに注意して，改めて上の証明を見ると，もう少し弱い形で，ベキ級数の一意性の定理を述べることができることがわかる．

> 2つのベキ級数 $\sum_{n=0}^{\infty} \alpha_n z^n$, $\sum_{n=0}^{\infty} \beta_n z^n$ はともに収束半径は正とし，実軸上の原点の十分近くの x では
> $$\sum_{n=0}^{\infty} \alpha_n x^n = \sum_{n=0}^{\infty} \beta_n x^n$$
> が成り立つとする．このとき2つのベキ級数は同じ収束半径をもち，収束円上で完全に一致する．

この結論はもちろん $\alpha_0 = \beta_0, \ldots, \alpha_n = \beta_n, \ldots$ が成り立つということのいいかえである.

ベキ級数から生まれた正則関数

ベキ級数がこのように正則性と密接に関係していることがわかると，正則関数をベキ級数を用いて導入する考えは，しだいに自然なことに思えてくる．実際このようにして多くの正則関数が誕生してくる.

いま，$f(z)$，$g(z)$ を同じ収束半径をもつベキ級数によって定義された正則関数とする：
$$f(z) = \sum_{n=0}^{\infty} \alpha_n z^n, \quad g(z) = \sum_{n=0}^{\infty} \beta_n z^n$$
このとき，$\alpha f(z)$ (α は複素数)，$f(z) + g(z)$, $f(z) - g(z)$, $f(z)g(z)$ も f と g の共通な収束円の中ではベキ級数に表わされる正則関数となる．たとえば
$$f(z) + g(z) = \sum_{n=0}^{\infty} (\alpha_n + \beta_n) z^n$$
$$f(z)g(z) = \alpha_0 \beta_0 + (\alpha_0 \beta_1 + \alpha_1 \beta_0) z + (\alpha_0 \beta_2 + \alpha_1 \beta_1 + \alpha_2 \beta_0) z^2$$
$$+ \cdots + (\alpha_0 \beta_n + \alpha_1 \beta_{n-1} + \cdots + \alpha_n \beta_0) z^n + \cdots$$
となる．積の方には，少し証明がいるのだがここでは省略することにしよう．要するに整式のかけ算のときと同じように形式的に 2 つのベキ級数をかけて，z^n の係数をまとめればよいということである.

Tea Time

z_0 を中心とするベキ級数

いままでは，原点を中心とするベキ級数を考えてきたから，収束円はすべて原点中心の円となっていた．しかしそれは説明の便宜上という面が強いのであって，実際はベキ級数をいつも原点中心で考える必要もないわけである．たとえば，z_0 を中心とするベキ級数とは
$$\alpha_0 + \alpha_1 (z - z_0) + \alpha_2 (z - z_0)^2 + \cdots + \alpha_n (z - z_0)^n + \cdots \quad (*)$$
の形をしたベキ級数のことである．このとき座標を平行移動して $w = z - z_0$ と

おくと, w については原点中心のベキ級数 $\alpha_0 + \alpha_1 w + \cdots + \alpha_n w^n + \cdots$ となる. このことから, z_0 を中心とする級数 $(*)$ を考えても, 収束半径を求める公式は前と同じであって, ただ収束円が z_0 を中心とする円にかわるだけであることがわかる.

もっと大胆な発想もある. それは複素平面からリーマン球面へと目をうつすのである. そのとき $w = \frac{1}{z}$ という写像は, リーマン球面上では, 0 を ∞ に, ∞ を 0 にうつしている. したがって

$$\alpha_0 + \frac{\alpha_1}{z} + \frac{\alpha_2}{z^2} + \cdots + \frac{\alpha_n}{z^n} + \cdots$$

は, ∞ を中心とするベキ級数と見ることができる. これはいわば北極中心のベキ級数である. これを南極中心 (原点中心) の見なれた形のベキ級数に変換するには, $w = \frac{1}{z}$ とおいて

$$\alpha_0 + \alpha_1 w + \alpha_2 w^2 + \cdots + \alpha_n w^n + \cdots$$

を考えるとよい.

第 **18** 講

指 数 関 数

— テーマ —

◆ 複素数の指数関数

◆ $(e^z)' = e^z$

◆ 指数法則：$e^{z_1+z_2} = e^{z_1} e^{z_2}$

◆ オイラーの公式：$e^{x+iy} = e^x(\cos y + i \sin y)$

◆ $w = e^z$ による z-平面から w-平面への写像

◆ e^z の周期性——周期 $2\pi i$

◆ (Tea Time) $\log(-1)$

複素数の指数関数

この講では，実数のとき微分・積分で最も基本的な関数と考えられる指数関数 $y = e^x$ を，複素数 z にまで定義されるように，関数の定義されている範囲を拡張したい．私たちの目標は，すべての複素数 z に対して定義された関数

$$w = e^z$$

をつくって，これが z が実数のときは，よく知っている指数関数になるだけではなくて，$y = e^x$ という関数のもつ基本的な性質——$(e^x)' = e^x$, $\quad e^{x_1+x_2} = e^{x_1} e^{x_2}$ など——が，複素数の範囲でもやはり成り立つようにしたいのである．

そのため，指数関数 $y = e^x$ が，テイラー展開によって

$$e^x = 1 + \frac{x}{1!} + \frac{x^2}{2!} + \cdots + \frac{x^n}{n!} + \cdots \tag{1}$$

と表わされることに注目する．この右辺の (実変数 x についての) ベキ級数は，すべての x に対して収束する．したがって，第 16 講の '(I) に対するコメント' で述べたように，この右辺のベキ級数で，変数を実数 x から，複素数 z にかえたものは，すべての複素数 z に対して収束することになる (収束半径 ∞ !)．このようにして，複素平面全体で収束するベキ級数によって定義された正則関数が決ま

る．これを e^z と表わすことにする．すなわち

$$e^z = 1 + \frac{z}{1!} + \frac{z^2}{2!} + \cdots + \frac{z^n}{n!} + \cdots \qquad (2)$$

である．

注意 記法上のことであるが e^z を $\exp z$ と表わすこともある．特に z のところに複雑な式，たとえば $z^5 - 100z^3$ が代入されたとき，e の肩の上に，この式をのせるよりは，$\exp$ の中に $\exp(z^5 - 100z^3)$ とかいた方が鮮明だという事情もある．$\exp$ は '指数の' の英語 exponential の略である．

(2) の右辺が e^z の定義を与えているのだから，e^z に関する性質は，すべてこのベキ級数の性質として導かれてくるはずである．

まず，この定義によって，z が特に実数 x のときには，e^z は私たちのよく知っている指数関数 e^x となっていることを注意しよう．それは，上に見たように，e^x のテイラー展開を経由して，(1) の定義が成り立っているからである．

読者は，複素平面を思い浮かべて，実軸上でしか定義されていなかった関数 e^x が，一気に，複素平面全体で定義された関数 e^z へと拡張されたさまを想像してみるとよい．

$$\boxed{(e^z)' = e^z}$$

ベキ級数 (2) の収束半径は ∞ である．これは上に述べたように実数の場合，(1) がすべての x で収束していることを既知とすれば，その結論となる．直接確かめたければ，収束半径を求める式 (第 16 講 (♯)) を参照して

$$\lim_{n \to \infty} \frac{\frac{1}{n!}}{\frac{1}{(n+1)!}} = \lim_{n \to \infty} (n+1) = \infty$$

からわかる．

その結果，e^z は，複素平面全体で定義された正則関数であって，何回でも微分できる関数となっていることがわかる．e^z の導関数は，(2) の右辺を項別に微分することにより得られる．すなわち

124 第18講 指 数 関 数

$$(e^z)' = (1)' + \frac{(z)'}{1!} + \frac{(z^2)'}{2!} + \cdots + \frac{(z^n)'}{n!} + \cdots$$
$$= 1 + \frac{z}{1!} + \frac{z^2}{2!} + \cdots + \frac{z^n}{n!} + \cdots$$
$$= e^z$$

したがって実数のときのよく知られた微分の公式が，複素数のときにも，その
まま成り立つことがわかる．

$$(e^z)' = e^z$$

指 数 法 則

(2) のようにベキ級数を用いて，正則関数 e^z を定義しても，実数の場合の指数
法則に対応する公式

$$e^{z_1+z_2} = e^{z_1}e^{z_2} \tag{3}$$

が成り立つ．

【証明】 z_2 をひとまず固定して，z_1 の方を変数として考える．証明すべき左辺は
定義に従えば

$$1 + \frac{z_1+z_2}{1!} + \frac{(z_1+z_2)^2}{2!} + \cdots + \frac{(z_1+z_2)^n}{n!} + \cdots \tag{4}$$

である．この各項を展開して，全体を z_1 のベキ級数としてまとめることができ
る (ここで項の順序をとりかえてよいことは，実はベキ級数が絶対収束している
ことによっている)．この結果を

$$A_0 + A_1 z_1 + A_2 z_1{}^2 + \cdots + A_n z_1{}^n + \cdots \tag{5}$$

と表わすと，$n!A_n$ は (4) を z_1 について n 回微分して，$z_1 = 0$ とおいたものと
なっている (前講，'ベキ級数と高階微分' の項参照)．実際，(4) を n 回微分して
$z_1 = 0$ とおくと

$$n!A_n = e^{z_2}$$

となることがわかる．これを (5) に代入すると

$$e^{z_2} + \frac{e^{z_2}}{1!}z_1 + \frac{e^{z_2}}{2!}z_1{}^2 + \cdots + \frac{e^{z_2}}{n!}z_1{}^n + \cdots$$

$$= e^{z_2}\left(1 + \frac{z_1}{1!} + \frac{z_1{}^2}{2!} + \cdots + \frac{z_1{}^n}{n!} + \cdots\right)$$

$$= e^{z_2}e^{z_1} = e^{z_1}e^{z_2}$$

この式は，証明すべき式の右辺である．これで左辺＝右辺が示されて，証明が終った．∎

この実数の場合の指数法則に対応する公式が成り立つのだから，(2) で定義された e^z を実数の場合と同様に，指数関数とよんでも，ごく自然なことに感じてもらえるだろう．

なお，このように実数のとき成り立つ指数法則が，複素数でも成り立つことは，第 26 講で述べる一致の定理の 1 つの原型となっている．

オイラーの公式

指数法則 (3) を特に，複素数 z を実数部分，虚数部分にわけて，

$$z = x + iy$$

に対して適用すると

$$e^z = e^x \cdot e^{iy}$$

となる．ここで右辺にある e^{iy} は，三角関数で表わすことができる．実際，(2) から

$$e^{iy} = 1 + \frac{iy}{1!} + \frac{(iy)^2}{2!} + \cdots + \frac{(iy)^n}{n!} + \cdots$$

$$= \left(1 - \frac{y^2}{2!} + \frac{y^4}{4!} - \cdots\right) + i\left(y - \frac{y^3}{3!} + \frac{y^5}{5!} - \cdots\right)$$

$$= \cos y + i \sin y$$

となる．最後の等式へうつるところで $\cos y, \sin y$ のテイラー展開を用いた (第 4 講参照)．

これで有名なオイラーの公式

$$e^z = e^x(\cos y + i \sin y), \quad z = x + iy$$

126　第 18 講　指 数 関 数

が，e^z の定義から出発して，完全に証明されたのである.

特に，この公式によって，第 4 講以来，オイラーの関係式として私たちがしば
しば用いてきた

$$e^{i\theta} = \cos\theta + i\sin\theta$$

が，複素数の立場に立って，正しい等式として正当化されることになった.

$w = e^z$ による対応

このオイラーの公式によって，指数関数による z-平面から w-平面への対応

$$z \longrightarrow w = e^z$$

が，どのような状況になっているかを調べることができる.

オイラーの公式を見ると，x が 0 のとき，すなわち z-平面の虚軸上の点 iy は，
$w = e^{iy}$ によって，w-平面上の単位円周 $\cos y + i\sin y$ へとうつされている. y は
w-平面上では偏角を示していることになる. y が z-平面上で虚軸を下から上へと
進んでいくと，w-平面上では，その像は，単位円周上をぐるぐるまわる.

z-平面上で，虚軸を 1 だけ右に平行移動した直線は

$$z = 1 + iy$$

と表わされるが，この直線の w-平面への像は

$$e^z = e(\cos y + i\sin y)$$

で与えられている. これは原点中心，半径 e の円周の式であって，z の虚数部分
y は，やはりこの対応では，w-平面上では偏角を指示するパラメータの役目を演
じている.

このようにして，オイラーの公式を改めて見直してみると，$z = x + iy$ という
z の実数部分，虚数部分への分解は，$w = e^z$ によって，w-平面では極形式による
表示 $e^x(\cos y + i\sin y)$ にうつされているとみることができる. このとき，実数部
分 x は，w の絶対値が e^x であることを指示し，虚数部分 y は，w の偏角が y で
あることを指示している.

この状況は，次のように図を用いて示すことができる. 図 65 では，z-平面の虚
軸と，虚軸を右の方へ 1 だけずらした $z = 1 + iy$ という直線が，w-平面上へど
のようにうつされるかを示してある. 上に述べたように，この 2 直線は，w-平面

上の原点を中心とする2つの円
——半径がそれぞれ 1 と e——
の周へとうつされている.

図66では, z の実数部分 x が,
w-平面上では円の半径 e^x とし
て対応する模様を図示してある.
このとき, 中央の図は, 複素平
面を表わしているわけではなく
て, x が 0 から正の方へ進むと,

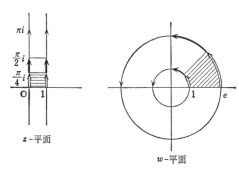

図 65

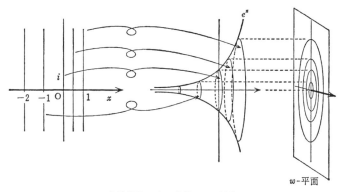

実数部分 x と, 半径 e^x の対応

図 66

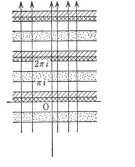
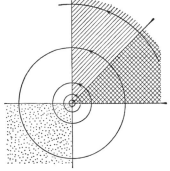

虚数部分 y と偏角の対応

図 67

対応して半径 e^x は 1 から出発して急速に大きくなり，x が 0 から負の方へ進むと，対応して半径は 1 から急速に小さくなることを明示するように，考えて，挿入してみた図である．これを投影すると，w-平面となる．

図 67 では，z の虚数部分が w の偏角に対応している有様を描いている．この図からも明らかなように，e^z は虚数方向に周期性をもっている．

$$e^{z+2n\pi i} = e^z \quad (n = 0, \pm 1, \pm 2, \ldots)$$

対応 $z \longrightarrow e^z$ の直観的な感じ

上に述べたことで，$w = e^z$ の対応の状況は語りつくされているのだが，虚数方向に周期性をもつ描像が，まだ十分頭の中で描けないかもしれない．蛇足かもしれないが，もう少し直観的な説明を加えておく．いま，半径 1 の無限に長い円筒を，z-平面上に横におき，次にこの円筒に z-平面をぐるぐると捲きつけていく（これは虚数方向の周期性——周期 $2\pi i$——を表わす）．次にこの円筒が，柔らかい飴のような材質でできているとして，円筒の左の方をずっと細くして，右へ進むと半径が急速に大きくなるように，縦方向に縮めたり，引き延ばしたりする（半径が e^x で与えられていることに対応する）．このようにして得られたスピーカーのようなものを，切口方向から見て，w-平面へ射影する．

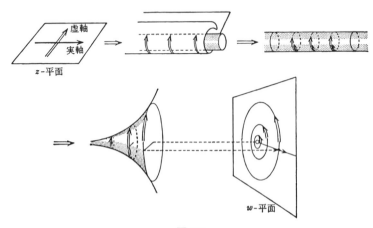

図 68

このようにして得られた，z-平面からw-平面への対応が，$w = e^z$ の対応を与えている．

注　意

いままでの説明からもわかるように，w-平面の原点 $w = 0$ に対しては，$w = e^z$ をみたす z は存在しない．原点以外の w に対しては，$w = e^z$ をみたす z は無数に存在する (虚方向の周期性！)．w が与えられたとき，$w = e^z$ をみたす 1 つの z を z_0 とすると，残りの z は

$$z = z_0 + 2n\pi i \quad (n = 0, \pm 1, \pm 2, \ldots)$$

で与えられる．

Tea Time

 $\log(-1)$ は?

実数のときには，$y = \log x \iff x = e^y$ という関係で対数関数を定義した．実数の範囲では，$x = e^y$ となる x はつねに正であったから，対数関数 $y = \log x$ で，変数 x のとりうる値は，正の値だけであった．複素数に対しても対数関数を導入しようとすると，やはり同様の関係

$$w = \log z \iff z = e^w$$

によって，対数関数を定義することは自然なことだろう．上で見たように，この右辺の $z = e^w$ で，w が複素数をいろいろ動くと，z は 0 以外のすべての値をとる．それも無限回とる！　このことは，左辺にうつしてみると，0 以外のすべての z に対して，$\log z$ は存在して，無限個の値をとるということになる．

たとえば，この定義に従って $\log(-1)$ がどのような値になるか見てみよう．w が虚軸に沿って 0 から πi まで上ったとき，e^w は 1 から出発して，単位円周の上半部をまわって πi にたどりつく．したがって $-1 = e^{\pi i}$，すなわち

$$\log(-1) = \pi i$$

となる．しかし，指数関数は虚軸方向に，$2\pi i$ の周期性があるのだから，$-1 = e^{\pi i + 2n\pi i}$ $(n = 0, \pm 1, \pm 2, \ldots)$．したがって結局，求めたい $\log(-1)$ の値は

$$\log(-1) = \pi i + 2n\pi i \quad (n = 0, \pm 1, \pm 2, \ldots)$$

130   第 18 講 指 数 関 数

である.

　複素数の対数関数 $w = \log z$ は，このように実数の中ではけっして見せなかっ
た素顔 '無限多価性' を現わす．複素数の中で考えれば，2 の対数も，$\log 2$ だけ
ではなくて，$\log 2 + 2n\pi i$ $(n = 0, \pm 1, \pm 2, \ldots)$ となる．しかし，とる値は実数に
限るとしておくと，もちろん，2 の対数は $\log 2$ だけである.

$$\text{第}\ \mathbf{19}\ \text{講}$$

積　分

― テーマ ―
- ◆ 実数のときの定積分の定義，置換積分の公式
- ◆ 複素平面上の 2 点を結ぶ道
- ◆ 有限個を除けば滑らかな道
- ◆ 複素積分の定義
- ◆ パラメータによる積分の表示
- ◆ 積分を実数部分と虚数部分にわける．

実数のときの定積分

複素関数 $w = f(z)$ に対しても，積分の考えを導入したい．積分といっても，実数の場合には，不定積分と定積分があった．ここで問題としたいのは，a から b までの定積分

$$\int_a^b f(x)\ dx \tag{1}$$

の概念を，複素関数に対して複素平面上へ拡張してみたいということである．

(1) はもちろん微分・積分の範囲の中でかいた式だから，$y = f(x)$ は実数値の連続関数である．定積分の定義に戻ると，$\int_a^b f(x)\ dx$ は

$$\int_a^b f(x)\ dx = \lim \sum_{i=0}^{n-1} f(\xi_i)(x_{i+1} - x_i) \tag{2}$$

で与えられていたことを思い出しておこう．ここで

$$a = x_0 < x_1 < x_2 < \cdots < x_n = b$$

であって，ξ_i は $x_i \leqq \xi_i < x_{i+1}$ をみたす任意の値である．$\lim$ は，分点の最大幅 $\mathrm{Max}\,(x_{i+1} - x_i)$ を 0 に近づけるように，分点をどんどん細かくとっていったときの極限値を意味している．

(1) は閉区間 $[a, b]$ における f の積分である．(1) は置換積分の公式によって，

132　第 19 講　積　　　　分

新しいパラメータ t についての積分として表わすこともできる．それを述べるために，時間 $t = 0$ のとき，a にいた自動車が，数直線を b に向かって走り出して，$t = 1$ のとき b に到着したという状況を考えよう．このとき閉区間 $[a, b]$ に属する点 x は，この時間 t をパラメータとして

$$x = x(t), \quad 0 \leqq t \leqq 1$$

と表わされる：$x(0) = a$, $x(1) = b$. 私たちは，自動車は a から b まで，滑らかに走っていったと仮定する．この仮定は数学的には $x(t)$ は微分可能な関数であって，$x'(t)$ は連続を仮定したことになる．

このとき置換積分の公式によると

$$\int_a^b f(x)\ dx = \int_0^1 f(x(t))x'(t)\ dt \tag{3}$$

が成り立つ．

複素平面上の道

さて，この講義の流れの中では，数直線は，複素平面の中で，いわば西から東へとどこまでも一直線に延びる一本の道——実軸——として実現されているという立場をとっている．そこで改めて複素平面の立場から上の考察をみてみると，たとえ数直線上の (実軸上の) 2 点 a, b としても，a から出発して b へ向かう自動車の進路として，この一本の道——実軸——だけに限ってしまうのは少し狭いのではないかという感じがしてくる．自動車は，複素平面の中を，勝手にのびのびと走ってよいのではないか．

一般に，複素平面上にある 2 点 α, β をとって，α から β へ向かって走っていく自動車を考えることにする．複素平面は，数直線に比べれば，広い野原のようなものだから，α から β へ行くのに，特に決まった道はない．むしろ，この自動車が進んだ軌跡が，α と β を結ぶ 1 つの道を決めたのだと考えた方がよいだろう．そこで次の定義をおく．

【定義】　複素平面上に 2 点 α, β が与えられたとする．区間 $[0, 1]$ から複素平面への連続写像 $z(t)$ で

$$z(0) = \alpha, \quad z(1) = \beta$$

をみたすものを, α と β を結ぶ道という.

注意 この定義は第12講で領域の定義を与えた際に述べたものと一致している.

有限個の点を除けば滑らかな道

α と β を結ぶ道
$$C : z = z(t), \quad 0 \leqq t \leqq 1$$
が与えられたとする. 各 t に対して $z(t)$ を実数部分, 虚数部分によって
$$z(t) = x(t) + iy(t)$$
と表わすことができる.

私たちは, α と β を結ぶ道 C については, 次の条件をみたしているものを考えることにしよう.

【条件】 $x'(t), y'(t)$ は有限個の点を除いて存在して連続である.

この条件は, 自動車の動きが, 有限個の点を除けばスムースであることを示している. 図の上では, 道を示す曲線に沿って, 有限個の点を除けば速度ベクトル $(x'(t), y'(t))$ が引けて, それが時間 t とともに連続的に変わることを意味している.

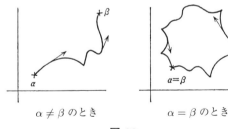

図 69

なお, $\alpha = \beta$ の場合も考えることにする. $\alpha = \beta$ のとき, $0 \leqq t_1 < t_2 < 1$ に対して, $z(t_1) \neq z(t_2)$ が成り立つならば, この道を単一閉曲線, またはジョルダン曲線という (【条件】をつけているから, 正確には, 部分的に C^1-級の単一閉曲線という). この場合は, 自動車がサーキットコースを一周するような感じである.

複素積分の定義

いま, 複素平面の領域 D 上で定義された連続関数
$$w = f(z)$$
を考えよう. D 内の 2 点 α, β と, α と β を結ぶ D 内の道

$$C: \ z(t) = x(t) + iy(t), \quad 0 \leqq t \leqq 1$$

が与えられたとする．このとき，道 C に沿う，α から β までの $f(z)$ の積分を定義したい．それには，実軸上にある道に沿う，a から b までの積分 (1) が，(2) で定義されているのに見習って，この定義をそっくりそのまま拡張した形で用いるとよい．

【定義】 道 C に沿う，α から β までの $f(z)$ の複素積分を

$$\int_C f(z)\,dz = \lim \sum_{i=0}^{n-1} f(\xi_i)(z_{i+1} - z_i) \tag{4}$$

によって定義する．ここで右辺の極限値は，α と β の間の C 上の分点

$$\alpha = z_0, \ z_1(t_1), \ z_2(t_2), \ \ldots, \ z_n(t_n) = \beta$$

$(t_1 < t_2 < \cdots < t_n)$ をいろいろにとって，この最大幅

$$\text{Max}\,|z_{i+1} - z_i|$$

を 0 に近づけたときの極限値を示している．ξ_i は，C 上で z_i と z_{i+1} の間にある任意の点である．

この極限値が存在することは，$f(z)$ の連続性から (実際は $f(z)$ を C 上に制限したときに一様連続性をもつことから) 示すことができる．その証明は，微積分の教科書にある (2) の右辺の存在証明と同様である (『解析入門 30 講』第 20 講参照).

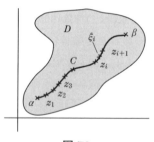

図 70

(4) で注意することは，右辺の $z_{i+1} - z_i$ は，複素数の差であって，z_i と z_{i+1} を結ぶ線分の長さを示しているわけではないということである．$z_{i+1} - z_i$ は，複素平面上では，ベクトル $\overrightarrow{z_i z_{i+1}}$ であり，したがって $f(\xi_i)(z_{i+1} - z_i)$ は，このベクトルが適当に拡大 ($|f(\xi_i)|$ 倍)，回転 ($\arg f(\xi_i)$ だけ！) されたものを示している．(4) の右辺に現われる和は，このようなベクトルの和として表わされる複素数を示している．

その意味で，定義の形式だけは実数の場合の (2) を借用したが，複素積分 $\int_C f(z)\,dz$ には，もうグラフのつくる面積などという意味は消滅して，関数 $f(z)$ の平均的な挙動を示す，まったく別なものとなっている．ところが，この複素積

分の定義は，正則性と深くかかわり合っている．それがこれからの主題になってくるのである．

パラメータによる表示

複素積分の定義式 (4) は，その形式だけでみる限り，(2) と同じなのだから，置換積分の公式 (3) が成り立った状況は，そっくりそのまま，複素積分の場合にも引き継がれる．特に，道 C を示すパラメータ t $(0 \leqq t \leqq 1)$ によって複素積分 $\int_C f(z)\, dz$ を表わすことができる．

実際，

$$z'(t) = x'(t) + iy'(t)$$

とおくと

$$\int_C f(z)\, dz = \int_0^1 f(z(t))z'(t)\, dt$$

となる．

なお，このような積分のパラメータ表示は，一般に成り立つことであって，始点で 0，終点で 1 となるパラメータだけに限って成り立つというわけではない．

たとえば，$\alpha = 1$，$\beta = i$ のとき，1 から出発して単位円周に沿って i に至る道は

$$C : z = e^{i\theta} \quad \left(0 \leqq \theta \leqq \frac{\pi}{2}\right)$$

と表わされる．この道に沿う複素積分は

$$\int_C f(z)dz = \int_0^{\frac{\pi}{2}} f(e^{i\theta})(e^{i\theta})'\, d\theta$$
$$= i \int_0^{\frac{\pi}{2}} f(e^{i\theta})e^{i\theta}\, d\theta$$

となって，パラメータ θ に関する積分として表わされる．

いずれにしても，ここで改めて複素積分 (4) の定義を見直してみると，道 C を表わすパラメータのとり方にはよらない形で積分が定義されていることに気がつくだろう．同じ道を自動車が速く走ろうが，ゆっくり走ろうが，複素積分の値には関係しないのである．

実数部分と虚数部分による表示

与えられた連続関数 $f(z)$ を実数部分，虚数部分にわけて
$$f(z) = u(x,y) + iv(x,y)$$
と表わすと，対応して複素積分 (4) も，実数部分，虚数部分にわけて表示することができる．

$$\begin{aligned}\int_C f(z)\,dz &= \int_C (u+iv)\,dz \\ &= \int_C (u+iv)(dx+i\,dy) \\ &= \int_C (u\,dx - v\,dy) + i\int_C (v\,dx + u\,dy)\end{aligned}$$

ここで，第2式から第3式へうつるとき，dz を $dx+idy$ におきかえたのは，(4) 式の右辺で $z_{i+1} - z_i$ を
$$z_{i+1} - z_i = (x_{i+1} - x_i) + i(y_{i+1} - y_i)$$
におきかえて，極限へうつった式を表わしている．

したがってたとえば $\int_C u\,dx$ は，図 71 の右で示したように，C 上での $u(x,y)$ の値に，C を階段状にわけたときの横の進み $x_{i+1} - x_i$ をかけて，加えて極限をとったものとなっている．

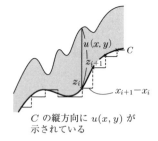

C の縦方向に $u(x,y)$ が示されている

図 71

Tea Time

質問 α から β へ行く道のとり方など，いくらでもあります．たとえば，東京から名古屋へ行く道にしても，東海道を通るか，甲府の方をまわる中山道を通るか，あるいは上越から北陸へ出て，大きく迂回して名古屋へ行く道だって考えられま

す.ふつうの常識では,遠まわりした方が,旅費にしても,距離にしても,ずっと大きな値となります.複素積分 $\int_C f(z)dz$ の値は,α から β へ行く道 C のとり方によっていますが,こうした日常的な考えの入る余地はないのでしょうか.

答 そのような考えは,複素積分に対しては適用されないのである.それは講義でも述べたように,複素積分の値は複素数であって,積分はベクトルの和の極限である.ベクトルに,大小の関係はないのである.いくつものベクトルを,次々に終点を始点へつなぎながら和をとっていくとき,もし,この図形が閉じた多角形となってしまえば,この和は 0 である.複素積分の値に対して,実数のような大小関係をどこか頭の隅で予想していると,これからの議論を誤解させることになるかもしれない.複素積分は,C に沿う $f(z)$ のある挙動を示すベクトルの和の極限であるという見方を忘れないでほしい.

第 **20** 講

複素積分の性質

テーマ

◆ 複素積分は，始点，終点を決めても，道のとり方によって，一般
には異なる値をとる．

◆ 複素積分についての基本的な性質：道のつなぎ，逆向きの道，積
分路の細分

◆ 閉曲線に沿う積分

複素積分は一般には道のとり方で違う

複素積分についてごく基本的な性質を述べることからはじめよう．複素積分 $\int_C f(z)\,dz$ は，端点 α, β のとり方だけによるのではなく，α から β へ行く道のとり方にもよっている．そのような例をあげておこう．

【例 1】 $z = x + iy$ に対して，その実数部分をとる関数

$$f(z) = x$$

を考える．$\alpha = 0$, $\beta = 1 + i$ とし，α から β へ行く道として 2 つの道 C_1, C_2 を考える．

C_1 は，まず実軸に沿って 0 から 1 まで進み，1 から虚軸に平行な方向に 1 だけ進んで $1 + i$ に達する道とする (図 72)．このとき

$$\int_{C_1} f(z)\,dz = \int_0^1 x\,dx + \int_0^1 i\,dy = \frac{1}{2} + i$$

C_2 は，0 から $1+i$ へ，線分に沿って直進する道とする (図 72)．この線分上の道は $t + it \ (0 \leqq t \leqq 1)$ と表わされる．このときには

$$\int_{C_2} f(z)\,dz = \int_0^1 t(t + it)'\,dt = (1 + i)\int_0^1 t\,dt$$
$$= \frac{1}{2} + \frac{i}{2}$$

したがって
$$\int_{C_1} f(z)\,dz \neq \int_{C_2} f(z)\,dz$$
である.

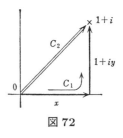

図 72

【例 2】 $z = x + iy$ に対して，その共役複素数を対応させる関数
$$g(z) = \bar{z} = x - iy$$
を考える. $\alpha = 0$, $\beta = 1$ として，α から β へ行く道 C_1 として，実軸に沿って 0 から 1 まで行く道をとると，実軸上では $g(z) = x$ だから
$$\int_{C_1} g(z)\,dz = \int_0^1 x\,dx = \frac{1}{2}$$

また，0 から 1 へ行く別の道として，まず 0 から i まで虚軸に沿って進み，次に実軸に平行な方向を進んで $1+i$ に達し，次に $1+i$ から 1 へと縦方向に直進する道をとる. この道を C_2 とする. このとき

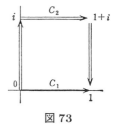

図 73

$$\int_{C_2} g(z)\,dz = \int_0^1 (-iy)i\,dy + \int_0^1 (x-i)\,dx + \int_1^0 (1-iy)i\,dy$$
$$= \frac{1}{2} + \left(\frac{1}{2} - i\right) + \left(-\frac{1}{2} - i\right)$$
$$= \frac{1}{2} - 2i$$

したがって
$$\int_{C_1} g(z)\,dz \neq \int_{C_2} g(z)\,dz$$
である.

いくつかの性質

このような例を見ていると，$\int_C f(z)\,dz$ の値は，C の端点 α, β だけではなくて，積分する道 C のとり方にもよるのは，むしろ当然のことだと思えてくる. それでは関数によっては，$\int_C f(z)\,dz$ の値が，α から β へ行く道のとり方にはよらないで，α と β だけで決まるということがあるのだろうか. 実はこの性質は関数

$f(z)$ が正則であるという性質と密接に関連し合っている.

この主題に入る前に, 複素積分についていくつかの基本的な性質を述べておこう.

(I) 道のつなぎ

α から β への道 $C_1 : z = z_1(t)$ $(0 \leqq t \leqq 1)$ と, β から γ への道 $C_2 : z = z_2(t)$ $(0 \leqq t \leqq 1)$ があると, C_1 と C_2 を β でつなぐことにより, α から γ への道 $C_3 : z = z_3(t)$ が得られる. $z_3(t)$ としては, たとえば

$$z = z_3(t) = \begin{cases} z_1(2t), & 0 \leqq t \leqq \dfrac{1}{2} \\ z_2\left(2\left(t - \dfrac{1}{2}\right)\right), & \dfrac{1}{2} \leqq t \leqq 1 \end{cases}$$

をとることができる. このとき

$$\int_{C_3} f(z)\, dz = \int_{C_1} f(z)\, dz + \int_{C_2} f(z)\, dz \tag{1}$$

が成り立つ.

読者の中には, C_3 を表わす道のパラメータを

$$\tilde{z}_3(t) = \begin{cases} z_1\left(\dfrac{3}{2}t\right), & 0 \leqq t \leqq \dfrac{2}{3} \\ z_2\left(3\left(t - \dfrac{2}{3}\right)\right), & \dfrac{2}{3} \leqq t \leqq 1 \end{cases}$$

のようにとりかえても (1) が成り立つのかと思う人がおられるかもしれないが, 前講でも注意しておいたように, もともと複素積分の定義 (前講 (4)) は, 道 C を表わすパラメータによらないように定義しておいたのである. 実際 (1) を示すには, パラメータ表示におき直さなくとも, この複素積分の定義に直接戻って確かめるとよい.

(II) 逆向きの道

α から β への道 $C : z = z(t)$ $(0 \leqq t \leqq 1)$ が与えられると, この道を逆にたどっていくことにより, β から α への道が得られる. この道を $-C$ で表わす.

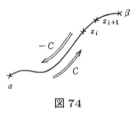

図 74

$$-C : z = z(1-t) \quad (0 \leqq t \leqq 1)$$

このとき

$$\int_{-C} f(z)\,dz = -\int_{C} f(z)\,dz$$

が成り立つ．

これを示すには，前講 (4) の式で $z_{i+1} - z_i$ を，$z_i - z_{i+1}$ とおきかえると (進む向きが逆になって)，$-C$ に沿っての β から α への複素積分となっていることに注意するとよい．

(III) 積分路の細分

領域 D が与えられているとする．D の 2 点 α と β が一致しているとき，α から β へ行く道 C は，始点と終点が一致して，閉じた曲線になる．C は単一閉曲線としよう．すなわち C は自分自身と交差することはないとする．C が始点 α から終点 β ($=\alpha$) に向けて進むとき，左手に見える側を C の内部ということにする．このとき次の条件をおくことにする．

(☆) C の内部は D の点からなる．

この条件の意味するものは，図 75 を見るとはっきりする．(a) は (☆) をみたしている．(b) は，C の内部に D に属しない点を含んでいるから (☆) をみたしていない．(c) は，C の向きが (a) の場合と逆になっており，このときは (☆) をみたしていない．

(☆) をみたす D 内の単一閉曲線 C は，いくつかの単一閉曲線に細かく分割できる．この分割できるということに関する形式的な定義を与えるよりは，図 76 を見てもらった方がわかりやすい．要するに，C の内部にいくつかの分断線を引いて，その分断線を往復するというコースを加えるのである．注意することは，こうしても，C に沿っては，道は 1 回きりしか通っていないということである．図 76 で

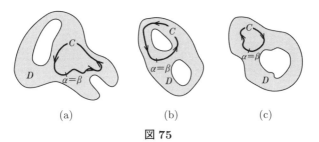

図 75

は, C は $C_1, C_2, \ldots, C_8$ に細分されている. 図 76 の下の図では, $C_1, C_2, \ldots, C_8$ の道を, ひとまず別々に分離してかいてみた. 上の図で, P, Q を通る分断線は, C_1 で 1 回, C_2 で 1 回通るが, これは逆向きの道である. (II) で述べたことから, C_1 に沿う複素積分と, C_2 に沿う複素積分は, このところでは打消し合う. おのおのの分断線でこのことが成り立っている. したがって結局, D 上で定義された連続関数 $f(z)$ に対して

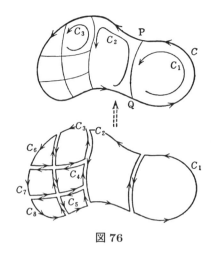

図 76

$$\int_C f(z)\,dz = \int_{C_1} f(z)\,dz + \int_{C_2} f(z)\,dz + \cdots + \int_{C_8} f(z)\,dz$$

が成り立つことになる.

閉曲線に沿う積分

領域 D 内の 1 点 α から出発して, 一周して α に戻る D 内の単一閉曲線 C を考える. C は (☆) をみたしているとする.

C 上にある, α 以外の 1 点 γ をとる. このとき, 道 C は, α から γ へ行く道 C_1 と, γ からさらに進んで α に戻る道 $\tilde{C}_2$ をつないだものとなっている. したがって, D 上で定義された連続関数 $f(z)$ に対して

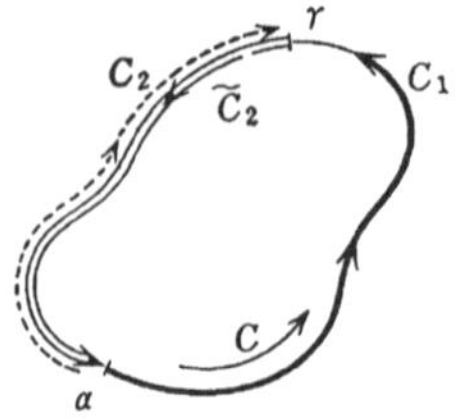

$$\int_C f(z)\,dz = \int_{C_1} f(z)\,dz + \int_{\tilde{C}_2} f(z)\,dz$$

図 77

いま, $C_2 = -\tilde{C}_2$ とおく. C_2 は α から γ へ, C_1 と別の道を通って行く道である. このとき (II) から

$$\int_C f(z)\,dz = \int_{C_1} f(z)\,dz - \int_{C_2} f(z)\,dz$$

が成り立つ.

したがって，もし
$$\int_C f(z)\,dz = 0 \tag{2}$$
が成り立つならば
$$\int_{C_1} f(z)\,dz = \int_{C_2} f(z)\,dz \tag{3}$$
が成り立つ．すなわち，α から γ へ行く2つの異なる道 C_1, C_2 に沿って $f(z)$ を複素積分しても，同じ値となるということである．

逆にこの場合，(3) が成り立てば (2) が成り立っている．すなわち，複素積分が，道のとり方によらないで，始点と終点にしかよらないという性質は，(2) の性質と密接に関係していることが推察されるのである．

Tea Time

質問 この講の最初の例を見ていますと，複素積分 $\int_C f(z)\,dz$ が，道 C のとり方によるのは，ごく当り前のことに思えてきました．かえって，道のとり方によらないで，この値が始点と終点だけで決まってしまうような場合が本当にあるのだろうかということが，疑わしい気分になってきます．もし $\int_C f(z)\,dz$ の値が，道 C のとり方にはよらないで，始点 α と終点 β にしかよらない場合があるならば——それは正則性と関係するというお話でしたが——，そのときは複素積分は $\int_\alpha^\beta f(z)\,dz$ とかいてもよいことになりますね．

複素数の世界のこととは別のことかもしれませんが，私たちの日常の経験の中で，どの道を通ったかは無関係で，始点と終点にしかよらない例というのは，あるのでしょうか．

答 確かに，日常の経験の中で，長い道のりを歩んでも，短い道のりを歩んでも，結果に関係はなく，始点と終点とだけで決まる量というのは少ないかもしれない．しかし，たとえば，富士山麓のある地点から，富士山頂へ登るとき，実際にどれだけの高さを登ったかということは，登山道の選び方には関係はない．すなわち，実際に登った'高さ'は，登った道のとり方にはよらない．したがってまた'高さ'に関係する量，たとえば気圧差とか，重力差なども，道のとり方によらない．

144   第 20 講　複素積分の性質

道が上下を繰り返せば，気圧は上がったり下がったりするだろうが，山頂に着い
たときには，上がったり下がったりした分は相殺されて，いつも同じ値となって
しまうのである．

第 **21** 講

複素積分と正則性

― テーマ ―
◆ 積分路のとり方によらず積分が確定する場合：不定積分が存在するとき
◆ $f(z)$ が整式のとき，積分路のとり方によらない．
◆ $f(z)$ がベキ級数のとき，積分路のとり方によらない．
◆ コーシーの積分定理の定式化
◆ 微分可能性と複素積分 (局所的な様相)
◆ コーシーの積分定理についての解説：局所性から大域性へ

道のとり方によらない場合

いま，領域 D 上で定義された連続な複素関数 $f(z)$ が，ある正則関数 $F(z)$ の導関数として表わされていたとする：

$$f(z) = F'(z) \tag{1}$$

このとき，D 内の 2 点 α, β に対し，α と β を結ぶ D 内のどのような道をとっても，複素積分 $\int_C f(z)\, dz$ の値は C にはよらない一定の値をとる．すなわち次の命題が成り立つ．

> $f(z)$ が (1) をみたすとき，α と β を結ぶ道 C に対して
> $$\int_C f(z)\, dz = F(\beta) - F(\alpha)$$

【証明】 道 C を $z = z(t)$ $(0 \leqq t \leqq 1)$ とパラメータ t によって表示しておく．$z(0) = \alpha$, $z(1) = \beta$ である．$\tilde{F}(t) = F(z(t))$ とおくと，$\tilde{F}(t)$ は，区間 $[0, 1]$ 上で定義された複素数値をとる関数となる．微分の定義に戻ると (実数のときの合成関数の微分と同様の考えで)，$\tilde{F}(t)$ は微分可能な関数で

146   第 21 講　複素積分と正則性

$$\tilde{F}'(t) = F'(z(t))z'(t)$$

$$\left(= \frac{dF}{dz}(z(t))\frac{dz}{dt}(t) \right)$$

が成り立つことは，すぐに確かめられる．したがって，第 19 講の 'パラメータによる表示' の項を参照すると

$$\int_C f(z)\,dz = \int_0^1 f(z(t))z'(t)\,dt = \int_0^1 F'(z(t))z'(t)\,dt$$

$$= \int_0^1 \tilde{F}'(t)\,dt = \tilde{F}(1) - \tilde{F}(0)$$

$$= F(\beta) - F(\alpha)$$

これで証明された．∎

たとえば z の多項式

$$f(z) = a_0 + a_1 z + a_2 z^2 + \cdots + a_n z^n$$

は，

$$F(z) = a_0 z + \frac{a_1}{2}z^2 + \frac{a_2}{3}z^3 + \cdots + \frac{a_n}{n+1}z^{n+1}$$

によって，

$$f(z) = F'(z)$$

と表わされる．したがって，上の結果によって，多項式 $f(z)$ については複素積分 $\int_C f(z)\,dz$ は，道のとり方によらず，始点と終点だけで値が決まってしまう．

すなわち，私たちは，多項式については，始点と終点さえわかっていれば，積分路 C を特に指定しないで積分を計算してもよいのである．たとえば

$$\int_1^i (1 + z + z^2)\,dz = z + \frac{z^2}{2} + \frac{z^3}{3}\bigg|_1^i$$

$$= \left(i - \frac{1}{2} - \frac{i}{3} \right) - \frac{11}{6} = -\frac{7}{3} + \frac{2}{3}i$$

理論の構図

誰でも考えることであろうが，多項式で正しければ，ベキ級数でも正しいに違いない．実際，ベキ級数

$$f(z) = a_0 + a_1 z + a_2 z^2 + \cdots + a_n z^n + \cdots$$

が与えられ，この収束半径は正とする．このとき $f(z)$ は，収束円の内部の領域 D

で正則関数を表わす．このときベキ級数

$$F(z) = a_0 z + \frac{a_1}{2} z^2 + \frac{a_2}{3} z^3 + \cdots + \frac{a_n}{n+1} z^{n+1} + \cdots$$

は，f と同じ収束半径をもち

$$f(z) = F'(z)$$

という関係が成り立つ (第 16 講，'ベキ級数の基本的な性質' の (III) 参照)．したがって

ベキ級数で表わされる正則関数 $f(z)$ に対して，収束円内での複素積分 $\int_C f(z)\, dz$ は，道 C のとり方によらず，始点と終点だけで値が決まる．

前講の '閉曲線に沿う積分' の項と参照すると，これは次のようにいいかえてもよい．

ベキ級数で表わされる正則関数を $f(z)$ とする．このとき収束円内にある任意の単一閉曲線 C に対し

$$\int_C f(z)\, dz = 0$$

が成り立つ．

それでは，この結果は 'ベキ級数で表わされる正則関数' に対してだけ成り立つ性質なのだろうか．

ところが驚くべきことに，この結果は '単一閉曲線 C に囲まれている内部の部分が，領域 D の中に含まれている' という条件をおくだけで，'任意の' 正則関数に対しても成り立ってしまうのである．これをコーシーの積分定理という．以下でこの証明の筋道を順次追ってみよう．

コーシーの積分定理——序曲

まずコーシーの積分定理を明確な形で述べておこう．

【定理 (コーシーの積分定理)】　$f(z)$ を領域 D で定義された正則関数とする．C を領域 D 内にある単一閉曲線とし，C によって囲まれる有界な部分はすべて領

148   第21講 複素積分と正則性

域 D に属しているとする．このとき

$$\int_C f(z)\,dz = 0 \tag{1}$$

が成り立つ．

単一閉曲線に関する1つの性質として，単一閉曲線は平面を2つの部分にわけることが知られている．一方は有界な範囲 (内部) となり，他方は $|z| \to \infty$ となる z を含む非有界な範囲 (外部) である．仮定は，この C によって限られた有界な範囲の方が完全に D に含まれているということである．C の内部に (D に属していない)‘穴’などあいていない，といった方がわかりやすいかもしれない．

このコーシーの定理の最も興味ある点は，なぜ各点で微分可能であるという正則性の性質が，ぐるりと積分路を一周すると0になるという性質を導くことができるのか，ということである．正則性は，各点のまわりで関数のもつ局所的な性質であるが，積分路を一周して0になるという性質は，明らかに関数の大域的な性質に関係している．

これに相当するような定理は，実数の微分・積分にはなかったのだから，この定理の背景には，複素平面上での微分の定義と，複素積分という考え方があって，それらが複素数の性質を色濃く反映しているに違いない．まずその点を解明していこう．

微分可能性と複素積分 (局所的な様相)

関数 $f(z)$ が $z = z_0$ で微分可能であるということは

$$f(z) - f(z_0) = f'(z_0)\,(z - z_0) + \tilde{\varepsilon}, \quad \frac{\tilde{\varepsilon}}{z - z_0} \to 0 \quad (z \to z_0)$$

が成り立つことである．したがって z が z_0 に十分近い範囲では近似式

$$f(z) \fallingdotseq f(z_0) + f'(z_0)\,(z - z_0) \tag{2}$$

が成り立っている．

右辺は z に関する1次式だから，任意の単一閉曲線 C に沿って

$$\int_C \{f(z_0) + f'(z_0)\,(z - z_0)\}\,dz = 0$$

が成り立つ．したがって (2) から，z_0 を中に含む十分小さい単一閉曲線 C に沿っては

$$\int_C f(z)\,dz \fallingdotseq 0 \tag{3}$$

となることがわかる．

微分可能性と均質的な様相

この近似式を導いただけでは，何のことかよくわからないかもしれないから，もう少し説明を加えておこう．

z_0 において，f の微分可能性を示す式 (2) は，複素平面上で $f(z)$ は次のような場所にあることを示している．いま $f'(z_0) \neq 0$ としよう．ベクトル $\overrightarrow{f(z_0)\,f(z)}$ は，$f(z_0)$ を始点とし，長さを $\overrightarrow{z_0 z}$ の長さの $|f'(z_0)|$ 倍にとり，偏角を $\overrightarrow{z_0 z}$ から $\arg f'(z_0)$ だけ回転させて得られるベクトルのごく近くにある．

図 78 で見るとわかるように，このことは，$f(z)$ の値の分布の状況が，$f(z_0)$ のまわりで大体均質となっていることを意味している．すなわち，z_0 で水が四方に広がっていく状況に対応して，$f(z_0)$ からも，大体同じような状況で水が広がっ

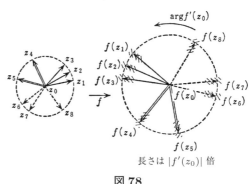

長さは $|f'(z_0)|$ 倍

図 78

ていく．等角性のところ (96 頁) でも，似たような話があったことを思い出される読者も多いかもしれない．

(3) で述べていることは，このような値の分布がほぼ均質であるという状況は，複素積分で一周してみると，近似的に 0 であるということで示されるということである．実際，1 次式のときには，値の分布している状況が，完全に均質であり，このときには，一周した複素積分の値は 0 に等しくなっている．

局所性から大域性へ

この正則性に関する $f(z)$ の局所的な様相 (3) を，コーシーの積分定理 (1) で述べられているような，大域的な形にまで定式化できるのはなぜだろうか．

今度は，複素積分の道は，いくらでも細分できるという性質が効いてくる．いま簡単のため，コーシーの積分定理 (1) に現われる積分路として，D 内の三角形の周 C をとる．図 79 で示したように，C はこの三角形の中にかかれている，小さな三角形の周をまわる積分路から組み立てられているとみてよい．

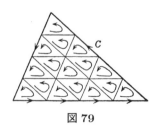

図 79

この小さな三角形の周の 1 つを △ とする．もし三角形が十分小さければ，この三角形での f の正則性が，△ をまわる複素積分に反映して，(3) から

$$\int_\triangle f(z)\, dz \fallingdotseq 0$$

となる．△ $\to 0$ とすると，この近似の度合はどんどんよくなって $\int_\triangle f(z)\, dz \to 0$ となる．

しかし，もともとの積分 $\int_C f(z)dz$ は，これら小三角形の周上の積分の和となっている．

$$\int_C f(z)\, dz = \sum \int_\triangle f(z)\, dz \tag{4}$$

1 つ 1 つが小さいものを加えたとき，小さくなっていく場合と，大きくなっていく場合とがある．小さくなっていく場合としては，たとえば 1 つ 1 つの項が $\frac{1}{n^2}$ の速さで 0 に近づくものを n 個加えたときには，全体の和は $n \cdot \frac{1}{n^2} = \frac{1}{n}$ となって，$n \to \infty$ のとき 0 に近づく．

次講で示すように，実際は (4) で，1 つ 1 つの $\int_\triangle f(z)\, dz$ が小さくなる速さが，全部を加えた結果を押えるくらい速いので，(4) で細分をどんどん細かくすると，右辺 $\to 0$ となり，結局

$$\int_C f(z)\, dz = 0$$

が示されるのである．

ここに述べたのは，コーシーの積分定理の証明のアイディアである．最後の論点は微妙で，これは数学的に厳密に証明しない限り，成り立つかどうか，誰にも想像できないことである．

この数学的な証明は，次講で与えることにしよう．

Tea Time

質問 複素数の意味で微分可能ということは，関数が1点の近くで，水が広がっていくような状況になっていることだという説明は，本当に新鮮な感じがしました．複素数では，直線に沿っての微分ではなくて，こういういい方が適切かどうかわかりませんが，'平面に沿う'微分を考えているのだなという実感が湧きました．このような考えで，コーシーの積分定理を説明していただくことができますか．

答 'たとえ'では，コーシーの積分定理を説明することは，なかなか難しい．しかし，大体の感じを伝えることはできるかもしれない．実際の水面でも'各点で'水が広がっていく模様はなかなか想像しにくいから，少し状況を変えて，1点 z_0 に入るベクトルで，ちょうど反対側にあるものの向きを逆にする．そうすると，z_0 に1つの方向から入る水量と同じ水量が出ていくという状況になって，この状況が，近似的に，f でうつしたとき $f(z_0)$ の近くでも成り立つことになる．

図80

各点でこの状況がおきているならば，C という堤防をつくって，この堤防に沿っての f のベクトルで示される水の全変量を観測しても，入ってきた水は同じ量だけ必ず出ていくという状況は変わらないだろう．すなわち，各点のまわりでおきる局所的な状況が，堤防に沿う大域的な状況へと反映したのである．この局所性から大域性への移行が，複素積分の概念によって，うまく捉えられる．これが，ごく大雑把にコーシーの積分定理を説明したことになっている．

第 **22** 講

コーシーの積分定理の証明

テーマ
- ◆ 積分の絶対値に関する不等式
- ◆ コーシーの積分定理は，積分路が多角形の周のとき示すとよい.
- ◆ コーシーの積分定理は，積分路が三角形の周のとき示すとよい.
- ◆ コーシーの積分定理の証明
- ◆ 単位円周に沿っての z^n $(n = 0, \pm 1, \pm 2, \ldots)$ の積分
- ◆ (Tea Time) $\log z = \int_1^z \frac{1}{z}\,dz$

積分の絶対値に関する不等式

次の不等式が成り立つ.

$$\left| \int_C f(z)\,dz \right| \leqq \int_C |f(z)|\,d|z|$$

この右辺の積分の意味は，以下の証明から明らかとなるだろう.

【証明】
$$\left| \int_C f(z)\,dz \right| = \lim \left| \sum f(\xi_i)(z_{i+1} - z_i) \right| \qquad z_i < \xi_i < z_{i+1}$$
$$\leqq \lim \sum |f(\xi_i)||z_{i+1} - z_i|$$
$$= \int |f(z)|\,d|z|$$

すなわち，右辺で $d|z|$ とかいたのは，分点 $z_1, z_2, \ldots, z_n$ の間の長さ $|z_2 - z_1|$, $|z_3 - z_2|, \ldots, |z_n - z_{n-1}|$ に注目して $|f(z)|$ を C 上で積分したことを示している. もし $f(z)$ が恒等的に 1 に等しいならば，

$$\int 1\,d|z| = C \text{ の長さ}$$

となる (これを微分可能な曲線の長さの定義としてよい!). したがってまた

$$|f(z)| \leqq M \text{ ならば}$$
$$\left|\int_C f(z)\,dz\right| \leqq ML, \quad L \text{ は } C \text{ の長さ}$$

が成り立つ.

積分路を三角形の周にとる

前講のコーシーの積分定理に述べられている条件を改めて設定する. 領域 D, D 内で正則な関数 $f(z)$, その内部がすべて D の点からなる単一閉曲線 C が与えられたとする.

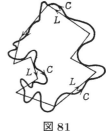

図 81

C の各点で接線が引けるから, C は多角形の周 L によって近似されることは直観的には明らかなことだろう (図 81). すなわち, C が $z = z(t)$ $(0 \leqq t \leqq 1)$ とパラメータで表わされるとき, 任意の正数 ε に対して, ある多角形の周となっている曲線 $L : z = \tilde{z}(t)$ があって $|z(t) - \tilde{z}(t)| < \varepsilon$ が成り立つようにできる. (この厳密な証明については, たとえば小平邦彦『複素解析』(岩波基礎数学講座) 参照.)

このとき, $\varepsilon \to 0$ とすると
$$\int_L f(z)\,dz \longrightarrow \int_C f(z)\,dz \tag{1}$$

この証明は, f の C の近傍における一様連続性を用いると比較的簡単に示されるが, ここでは省略しよう.

したがって, もし内部がすべて D の点からなる任意の多角形の周 L については, つねに
$$\int_L f(z)\,dz = 0 \tag{2}$$

となることが示されたならば, (1) によって
$$\int_C f(z)\,dz = 0$$
が結論され, コーシーの積分定理が証明されたことになる.

図 82

多角形の周からなる閉曲線は，図 82 で示すように，三角形の周からなる閉曲線へと細分される．したがってある三角形の周となっているような任意の閉曲線 △ (内部は D の点からなる！) に対して，つねに

$$\int_{\triangle} f(z)\,dz = 0 \tag{3}$$

が成り立つことが示されるならば，(2) が正しいことになって，結局コーシーの積分定理が証明されたことになる．

積分定理の証明 (積分路が三角形の周のとき)

そこで，いよいよ (3) の証明に入ろう．

内部は D の点からなる三角形の周となっているような閉曲線 △ を 1 つとる．このとき

$$\left| \int_{\triangle} f(z)dz \right| = A$$

とおいて，$A = 0$ のことを示したい．

図で示してあるように，三角形の各辺の中点をとって，△ を 4 つの合同な三角形の周 $\triangle_1$, $\triangle'_1$, $\triangle''_1$, $\triangle'''_1$ に細分する．このとき

図 83

$$\int_{\triangle} f(z)\,dz = \int_{\triangle_1} f\,dz + \int_{\triangle'_1} f\,dz + \int_{\triangle''_1} f\,dz + \int_{\triangle'''_1} f\,dz$$

したがって，右辺に現われた 4 つの積分の中で，絶対値が最大なものを (記号の簡便さもあって) $\left|\int_{\triangle_1} f\,dz\right|$ とすると，

$$A = \left| \int_{\triangle} f(z)\,dz \right| \leqq 4 \left| \int_{\triangle_1} f\,dz \right|$$

すなわち

$$\left| \int_{\triangle_1} f\,dz \right| \geqq \frac{A}{4}$$

が成り立つ．$\triangle_1$ の長さは，△ の長さの $\frac{1}{2}$ である．$\triangle_1$ を同じように中点をとってもう一度細分すると，$\triangle_1$ は 4 つの合同な三角形の周にわけられる．同様に考えるとそのうちの 1 つ $\triangle_2$ が存在して

$$\left| \int_{\triangle_2} f\,dz \right| \geqq \frac{1}{4} \left| \int_{\triangle_1} f\,dz \right| \geqq \frac{A}{4^2}$$

が成り立つことがわかる.

この操作を繰り返すと, しだいに小さくなる三角形の系列

$$\triangle_1 \supset \triangle_2 \supset \cdots \supset \triangle_n \supset \cdots \tag{4}$$

が得られ

$$\left| \int_{\triangle_n} f \, dz \right| \geqq \frac{A}{4^n} \tag{5}$$

が成り立つ. $\triangle_n$ は $\triangle$ を $\frac{1}{2^n}$ に相似縮小した三角形の周であって, したがって $\triangle_n$ の周を L_n, $\triangle$ の周を L とすると,

$$L_n = \frac{L}{2^n}$$

である.

系列 (4) のつくる三角形の減少列は, D 内の 1 点 z_0 に収束する. $f(z)$ は z_0 で正則だから, 正数 ε が任意に与えられたとき, n を十分大きくとると, $\triangle_n$ の内部と周上で

$$\left| f(z) - \{ f(z_0) + f'(z_0)(z - z_0) \} \right| < \varepsilon |z - z_0| \tag{6}$$

が成り立つ. 左辺の { } の中は z についての 1 次式である. したがって, { } の中は $\triangle_n$ を一周する複素積分に対して値が 0 になる. このことに注意して

$$\left| \int_{\triangle_n} f(z) \, dz \right| = \left| \int_{\triangle_n} f(z) - \{ f(z_0) + f'(z_0)(z - z_0) \} \, dz \right|$$

$$\leqq \int_{\triangle_n} |f(z) - \{ f(z_0) + f'(z_0)(z - z_0) \} ||d|z|$$

$$< \varepsilon \int_{\triangle_n} |z - z_0| \, d|z| \qquad ((6) \text{ による})$$

$$(z \text{ が } \triangle_n \text{ の周上のとき } |z - z_0| < L_n!)$$

$$< \varepsilon L_n \int d \, |z|$$

$$< \varepsilon L_n{}^2 = \varepsilon \frac{L^2}{4^n}$$

(5) とあわせて

$$\frac{A}{4^n} < \varepsilon \frac{L^2}{4^n}$$

すなわち

156 第22講 コーシーの積分定理の証明

$$A < \varepsilon L^2$$

が得られた. ε は任意に小さい正数でよかったから, このことは $A = 0$ を示している.

これでコーシーの積分定理が証明された. ∎

単位円周に沿っての z^n の積分

C を, 正の向きにまわる単位円周とする. C は

$$z = e^{i\theta}, \quad 0 \leqq \theta \leqq 2\pi$$

とパラメータ θ によって表わされる.

$n = 0, 1, 2, \ldots$ に対しては, $w = z^n$ は正則な関数だから, コーシーの積分定理によって

$$\int_C z^n \, dz = 0, \quad n = 0, 1, 2, \ldots$$

である.

$n = -1, -2, \ldots$ の場合, すなわち

$$w = \frac{1}{z}, \; \frac{1}{z^2}, \; \cdots, \; \frac{1}{z^n}, \; \cdots$$

のときには, 原点で正則でないから, コーシーの積分定理を用いるわけにはいかない. パラメータ θ を用いて実際計算してみると

$$\int_C \frac{1}{z^n} \, dz = \int_0^{2\pi} e^{-in\theta} (e^{i\theta})' \, d\theta$$

$$= i \int_0^{2\pi} e^{-i(n-1)\theta} \, d\theta$$

$n = 1$ のときは

$$\int_C \frac{1}{z} \, dz = i \int_0^{2\pi} d\theta = 2\pi i$$

$n = 2, 3, 4, \ldots$ のときは

$$\int_C \frac{1}{z^n} \, dz = \frac{1}{1-n} e^{-i(n-1)\theta} \Big|_0^{2\pi} = 0$$

($e^{i\theta}$ の周期性 !).

まとめると

$$\int_C \frac{1}{z^n}\,dz = \begin{cases} 2\pi i, & n=1 \\ 0, & n=2,3,4,\ldots \end{cases}$$

同様にして，a を中心にして，正の向きにまわる半径 r の円周を C とするとき

$$\int_C \frac{1}{(z-a)^n}\,dz = \begin{cases} 2\pi i, & n=1 \\ 0, & n=2,3,4,\ldots \end{cases}$$

が成り立つ．

Tea Time

  $\log z = \displaystyle\int_1^z \frac{1}{z}\,dz$ について

実数のとき，$x > 0$ に対して対数関数 $\log x$ は

$$\log x = \int_1^x \frac{1}{x}\,dx$$

と積分の形で表わすことができる (この形を見なれない人は，$(\log x)' = \frac{1}{x}$ を思い出すとよい．この式を 1 から x まで積分すると，上の式になる)．そこで全体の背景を複素平面にとって，改めてこの式を見直すと，任意の複素 $z\,(\neq 0)$ に対して，対数関数 $\log z$ を

$$\log z = \int_C \frac{1}{z}\,dz$$

と定義することは，いかにも自然なことに思えてくる．ここで C は，1 から z までの，0 を通らない道である．

しかし，この定義が可能なためには，右辺の積分の値が，道 C のとり方によらず，終点 z だけで決まっていなくてはならない．ところが，一般に，右辺の積分は，終点 z を決めておいても，道 C のとり方で，いろいろな値をとるのである．その事情は，$z = 0$ のところで $\frac{1}{z}$ は定義されていなくて，したがってコーシーの定理が $z = 0$ のまわりで使えないことによっている．

このことを $z = -1$ の場合にもう少し詳しく説明してみよう．

図 84(a) のときは，C は，単位円周の上半分であって

$$\int_C \frac{1}{z}\,dz = \int_0^\pi e^{-i\theta} i e^{i\theta}\,d\theta = \pi i$$

(b) で示された道 $\tilde{C}$ については，$\tilde{C}-C$ で囲まれる領域で $\frac{1}{z}$ は正則だから，コーシーの定理によって

$$\int_{\tilde{C}-C} \frac{1}{z}\,dz = \int_{\tilde{C}} \frac{1}{z}\,dz - \int_C \frac{1}{z}\,dz = 0$$

したがって

$$\int_{\tilde{C}} \frac{1}{z}\,dz = \int_C \frac{1}{z}\,dz = \pi i$$

このときは，C に沿う積分も，$\tilde{C}$ に沿う積分も同じ値となる．

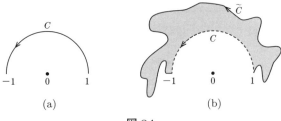

図 84

しかし，図 85(a) のように，1 から出発して，単位円周を 3 回まわってから -1 へ行くと，単位円周を 1 回まわるたびに積分の値は $2\pi i$ だけ増えるから

$$\int_{C_3} \frac{1}{z}\,dz = \pi i + 6\pi i = 7\pi i$$

となる．(b) のようなときには

$$\int_{\tilde{C}_2} \frac{1}{z}\,dz = \pi i - 4\pi i = -3\pi i$$

となる．

一般に 1 から -1 へ行く道 C が，0 を n 回まわっているとき

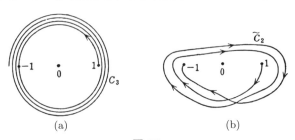

図 85

$$\int_C \frac{1}{z}\, dz = \pi i + 2n\pi i \quad (n = 0, \pm 1, \pm 2, \ldots)$$

となる．すなわち

$$\log(-1) = \pi i + 2n\pi i \quad (n = 0, \pm 1, \pm 2, \ldots)$$

このようにして，第 18 講の Tea Time で述べた $\log(-1)$ の多価性が，積分の方からも確かめられるようになったのである．

なお，対数関数を $\log z = \int_C \frac{1}{z}\, dz$ (C は 1 から z への道) で定義しても，指数関数の逆関数として定義しても同じ結果となることは，導関数がともに $\frac{1}{z}$ となっていることから示すことができる．

第 **23** 講

正則関数の積分表示

テーマ
◆ コーシーの積分公式
◆ 積分公式の証明：$z = 0$ の場合
◆ 積分公式の証明：一般の場合
◆ 積分公式における変数のあり場所

積分表示の式

　まず，コーシーの積分公式とよばれている式を，定理の形で述べて，次にその説明に入っていくことにしよう．

【定理】　$f(z)$ を領域 D で定義された正則関数とする．z を D 内の 1 点とし，C を，z を内部にみながら正の向きに一周する D 内の単一閉曲線とする．C の内部はすべて D の点からなるとする．このとき

$$f(z) = \frac{1}{2\pi i} \int_C \frac{f(\zeta)}{\zeta - z}\, d\zeta \tag{1}$$

が成り立つ．

$z = 0$ の場合

　この定理の証明をすぐにはじめるよりは，まず $z = 0$ の場合を示しておこう．

　このときには，D は 0 を含む領域で，C は 0 を正の向きにまわる単一閉曲線となる．$f(z)$ は D 上で定義された正則関数である．(1) はこの場合 $z = 0$ だから

$$f(0) = \frac{1}{2\pi i} \int_C \frac{f(\zeta)}{\zeta}\, d\zeta \tag{2}$$

となる.

この (2) 式の右辺の積分の中に現われた変数 ζ は, C 上だけを動くことに注意しよう. したがって右辺において f に関係しているものは, f の C 上でとる値だけである. (2) は, したがって, f の C 上での値のとり方で, f の $z = 0$ における値が完全に決まってしまうことを示している.

(2) の証明の準備

(2) の証明には, 次の 2 つの事実を用いる ((i) は前講でも示してある).

(i) 原点中心, 半径 r の円 C_r を正の向きにまわるとき

$$\int_{C_r} \frac{1}{\zeta}\, d\zeta = 2\pi i \tag{3}$$

【証明】 $C_r : z = re^{i\theta}$ $(0 \leqq \theta \leqq 2\pi)$ である. したがって

$$\int_{C_r} \frac{1}{\zeta}\, d\zeta = \int_0^{2\pi} \frac{1}{re^{i\theta}}\, rie^{i\theta}\, d\theta = i\int_0^{2\pi} d\theta = 2\pi i \qquad \blacksquare$$

(ii) 0 を内部に含む単一閉曲線 C に沿って, 正の向きに一周するとき, r を十分小さい正数にとっておくと

$$\int_C \frac{f(\zeta)}{\zeta}\, d\zeta = \int_{C_r} \frac{f(\zeta)}{\zeta}\, d\zeta$$

ただし C, および C の内部は完全に D に含まれているとする.

【証明】 図 86 を見てみよう. 正数 r を十分小さくとると, C の中に 0 を中心と

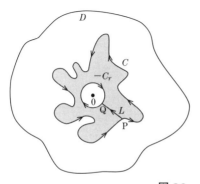

図 86

162　第 23 講　正則関数の積分表示

する半径 r の円周 C_r をとることができる. C と C_r を図のように, 1 つの道 L で結ぶ (L は曲がっていてもよい). このとき, 次のような道を考える. P から出発して C を一周して P に戻る; 次に L に沿って Q に行き, Q から C_r を負の向きに一周して Q に戻る; Q から L に沿って再び P に戻る.

この曲線は閉曲線で, 内部は 0 を含んでいないから, $\dfrac{f(\zeta)}{\zeta}$ は正則である. したがってコーシーの積分定理によって, この道を一周すると, $\dfrac{f(\zeta)}{\zeta}$ の積分は 0 になる (実際は, 右図のように L に沿う道を, 少し離しておいて行きと帰りに別々の道を通るようにして (単一閉曲線!), 次にこの極限として, 2 つの道を重ねる). すなわち

$$\int_C \frac{f(\zeta)}{\zeta}\,d\zeta + \int_P^Q \frac{f(\zeta)}{\zeta}\,d\zeta + \int_{-C_r} \frac{f(\zeta)}{\zeta}\,d\zeta + \int_Q^P \frac{f(\zeta)}{\zeta}\,d\zeta = 0$$

明らかに

$$\int_Q^P \frac{f(\zeta)}{\zeta}\,d\zeta = -\int_P^Q \frac{f(\zeta)}{\zeta}\,d\zeta$$

したがって上式左辺の 2 項と 4 項は打消し合う. 結局

$$0 = \int_C \frac{f(\zeta)}{\zeta}\,d\zeta + \int_{-C_r} \frac{f(\zeta)}{\zeta}\,d\zeta = \int_C \frac{f(\zeta)}{\zeta}\,d\zeta - \int_{C_r} \frac{f(\zeta)}{\zeta}\,d\zeta$$

となり, $\int_C \dfrac{f(\zeta)}{\zeta}\,d\zeta = \int_{C_r} \dfrac{f(\zeta)}{\zeta}\,d\zeta$ が証明された. ∎

(2) の証明

【証明】　すぐ上に述べた (ii) によって

$$\frac{1}{2\pi i}\int_C \frac{f(\zeta)}{\zeta}\,d\zeta = \frac{1}{2\pi i}\int_{C_r} \frac{f(\zeta)}{\zeta}\,d\zeta \tag{4}$$

である. この右辺で $r \to 0$ としたときの状況を調べてみる.

正数 ε が与えられたとき, $f(z)$ の $z = 0$ における連続性から, ある正数 δ が存在して

$$|z| < \delta \Longrightarrow |f(z) - f(0)| < \varepsilon$$

が成り立つ.

そこで正数 r を $0 < r < \delta$ をみたすようにとる. このとき C_r 上でつねに

$$|f(\zeta) - f(0)| < \varepsilon$$

が成り立っていることになる．このとき
$$\frac{1}{2\pi i}\int_{C_r}\frac{f(0)}{\zeta}d\zeta=f(0)\frac{1}{2\pi i}\int_{C_r}\frac{1}{\zeta}d\zeta=f(0) \quad ((3) による)$$
に注意する．したがって (4) から
$$\left|\frac{1}{2\pi i}\int_C\frac{f(\zeta)}{\zeta}d\zeta-f(0)\right|=\left|\frac{1}{2\pi i}\int_{C_r}\frac{f(\zeta)}{\zeta}d\zeta-f(0)\right|$$
$$=\left|\frac{1}{2\pi i}\int_{C_r}\frac{f(\zeta)}{\zeta}d\zeta-\frac{1}{2\pi i}\int_{C_r}\frac{f(0)}{\zeta}d\zeta\right|$$
$$=\left|\frac{1}{2\pi i}\int_{C_r}\frac{f(\zeta)-f(0)}{\zeta}d\zeta\right|$$
$$\leqq\frac{1}{2\pi}\int_{C_r}\frac{|f(\zeta)-f(0)|}{|\zeta|}d|\zeta|$$
$$<\frac{\varepsilon}{2\pi}\int_{C_r}\frac{1}{r}d|\zeta|$$
$$=\frac{\varepsilon}{2\pi}\frac{1}{r}2\pi r=\varepsilon$$

ε はいくらでも小さい正数でよかったから，このことは
$$\frac{1}{2\pi i}\int_C\frac{f(\zeta)}{\zeta}d\zeta=f(0)$$
を示している．これで (2) が証明された． ∎

積分表示の公式 (1) の証明

(1) 式を示すために，(1) の z を，0 にまで平行移動して，(2) に帰着させよう．

図 87 で見るように，z を 0 まで平行移動すると，z をまわる閉曲線 C は，0 をまわる閉曲線 $\tilde{C}$ へとうつる．ここで
$$\tilde{\zeta}=\zeta-z \quad (5)$$
とおくと，図からも明らかなように，ζ が C を一巡する

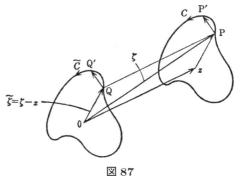

図 87

164   第 23 講   正則関数の積分表示

とき，$\tilde{\zeta}$ は $\tilde{C}$ を一巡する．また一般に $\overrightarrow{\mathrm{PP'}} = \overrightarrow{\mathrm{QQ'}}$ から，（ここは記号的に
かくが）$d\zeta = d\tilde{\zeta}$ も明らかであろう．与えられた正則関数 $f(z)$ も，この平
行移動で，0 のまわりで定義された関数 $g(z)$ にうつしておきたい．それには，
点 P で $f(z)$ のとる値を，点 Q で $g(z)$ がとる値であると定義しておくとよ
い．

　P を表わす複素数は $\tilde{\zeta} + z$ だから，

$$g(\tilde{\zeta}) = f(\tilde{\zeta} + z) \tag{6}$$

一般には，$g(\tilde{z}) = f(\tilde{z} + z)$ と定義しておくとよい．

　そこで，$\tilde{C}$ と g に対して，(2) を適用すると，

$$g(0) = \frac{1}{2\pi i} \int_{\tilde{C}} \frac{g(\bar{\zeta})}{\bar{\zeta}}\, d\tilde{\zeta}$$

(5)，(6) を用いると

$$f(z) = \frac{1}{2\pi i} \int_{C} \frac{f(\zeta)}{\zeta - z}\, d\zeta$$

これは (1) にほかならない．これで証明された．　　　　　　　　　　■

(1) と (2) の対比

　この証明で見る限り，(1) と (2) は同じことを述べている．(2) は，$z = 0$ にお
いて f のとる値は，C 上での f の値で完全に決まって，C 上での積分で表わされ
ることを示しているが，もちろん同様のことは (1) でも成り立っている．

　しかし，実質的には，(1) の方が (2) に比べて，はるかに広いことを意味してい
る．それは，(1) では左辺の z が，C の内部の ‘任意の点’ でよくなって，した
がって z は C の内部を動く変数と考えてよくなった点である．

　そう思って (1) を改めて見てみると，(1) は，C の内部における f の挙動は，C
上における f と $\dfrac{1}{\zeta - z}$ という関数の挙動によって完全に決まってしまっているこ
とを示している．これは正則性の示す驚くべき性質ではないだろうか．

　もっと驚くべきことは，z が $z + \alpha$ へとうつったとき，$f(z)$ と $f(z + \alpha)$ がど
のように変わるかということが，(1) の右辺の積分の中を見ると，本質的には C
上の

$$\frac{f(\zeta)}{\zeta - z} \quad \text{と} \quad \frac{f(\zeta)}{\zeta - (z + \alpha)} \quad (\zeta \in C)$$

の違いとして表わされているということである．ここで，z と $z+\alpha$ における違いは分母の方に現われており，肝心の f は，分子の方からその違いを見下しているような，ひとまず無縁の形をとっている．

これはまことに注目すべきことであって，このことについては，次講でもっと詳しく調べていくことにしよう．

Tea Time

質問 説明を聞けば聞くほど，コーシーの積分公式とは，私たちの想像も及ばないようなことを，いろいろ述べているように思います．しかし，正則性というのは，自然な概念なのでしょうから，想像も及ばないというのはきっと私の理解が十分でないのでしょう．もう少しわかりやすくお話ししていただけませんか．

答 誰でも，コーシーの積分公式の内容を少しわかってくると，奇妙な感じがしてくる．まず，周上 C で f のとる値がわかると，C の内部での f の値が完全に決まってしまうということが，妙な感じで，現実にそれに近い状況があるのかと考えこんでしまう．

しかし，全然ないわけでもない．たとえば，針金の枠を1つつくって，それを石けん液に浸してとり出すと，薄い膜ができる．これは，君も子供の頃，シャボン玉で遊んだときによく経験したことだろう．この膜の形はいつも一定している．すなわち，内部に張られる膜の形は，周の形によって完全に決まってしまうのである．なぜこのようなことがおきるかというと，膜の各点で，表面張力が一様にすべての方向に働いているからである．この一様に働いている力に対して，針の先でつっつくような微小な力を加えてみると，一様性が破られ，膜は一瞬のうちに四散してなくなってしまう．この一様にすべての方向に働く表面張力に似たような状況が，正則な関数においてもおきていることを思い出してほしい．それは第 21 講で述べたことであった．

また，(1) の右辺で積分の中に $\frac{1}{\zeta-z}$ がでてくるのは，なぜかという疑問が湧くかもしれない．$\frac{1}{\zeta-z}$ は，いわば z において '渦' があって，渦からの水の '湧出量' が，複素積分で測ると $2\pi i$ になるようなことを示す関数であると思うとよい．もちろん，'湧出量' といっても，複素数 $2\pi i$ なのだから，これはあくまでもたと

えである．講義の中での証明を見るとわかるように，複素積分の値を求めるには，積分路 C は，この渦の湧出口 z にどんどん近づけてとって測ってもよい．コーシーの積分定理によって，渦のないところでは，水の流出総量は 0 となっているからである！　コーシーの積分定理は，積分の値を求めるには渦の近くだけで考えればよいことを保証している．渦の湧出口に近づくにつれて，分子の $f(\zeta)$ は $f(z)$ に近づいてくる．したがって結局 (1) の右辺は，z において水の '湧出量' が $2\pi i f(z)$ である渦の大きさを測っていることになる．したがって $2\pi i$ で割っておくと，$f(z)$ が得られるのである．

　'渦' といういい方でたとえてみたが，コーシーの積分表示の式で $\dfrac{1}{\zeta - z}$ が，ζ の関数と見たとき，$\zeta = z$ で特異性 (正則でない場所) をもっていることが，どのように働いているか，もう一度証明を見て，よく確かめておいてほしい．

第 **24** 講

テイラー展開

テーマ

◆ 積分公式を微分してみる.

◆ 導関数 $f'(z)$ の積分表示

◆ 高階導関数 $f^{(n)}(z)$ の存在と積分表示

◆ 積分公式からテイラー展開を導く.

◆ 正則関数は，各点のまわりでテイラー展開が可能である.

積分公式と微分

$f(z)$ は領域 D で定義された正則関数とする．D 内の 1 点 z に注目して，z を内部に含む D 内の単一閉曲線 C をとる．C の内部はすべて D の点からなるとする．このとき，コーシーの積分公式によって

$$f(z) = \frac{1}{2\pi i} \int_C \frac{f(\zeta)}{\zeta - z} \, d\zeta \tag{1}$$

と表わされる．

複素数 h を，$|h|$ が十分小さいようにとっておくと，$z + h$ も C の内部にある．したがって再び積分公式によって

$$f(z + h) = \frac{1}{2\pi i} \int_C \frac{f(\zeta)}{\zeta - (z + h)} \, d\zeta \tag{2}$$

と表わされる．

(1) と (2) から，f の z における導関数の値

$$f'(z) = \lim_{h \to 0} \frac{f(z + h) - f(z)}{h}$$

を，積分公式を用いて計算することができる．すなわち

$$f'(z) = \frac{1}{2\pi i} \lim_{h \to 0} \frac{1}{h} \left\{ \int_C \frac{f(\zeta)}{\zeta - (z + h)} \, d\zeta - \int_C \frac{f(\zeta)}{\zeta - z} \, d\zeta \right\}$$

$$= \frac{1}{2\pi i} \lim_{h \to 0} \frac{1}{h} \int_C \frac{f(\zeta)h}{(\zeta - (z + h))(\zeta - z)} \, d\zeta$$

$$= \frac{1}{2\pi i} \lim_{h \to 0} \int_C \frac{f(\zeta)}{(\zeta - (z+h))(\zeta - z)} \, d\zeta$$

$$= \frac{1}{2\pi i} \int_C \frac{f(\zeta)}{(\zeta - z)^2} \, d\zeta$$

(この最後の等式へうつるとき，極限と積分の交換を行なった．この確認はいまの場合容易なことなので省略する．)

結局，導関数に関する公式

$$f'(z) = \frac{1}{2\pi i} \int_C \frac{f(\zeta)}{(\zeta - z)^2} \, d\zeta \tag{3}$$

が示された．この式は，C の内部にあるすべての z に対して成り立つ式である．

高階導関数

公式 (3) をよく見てみると，右辺の分母に現われた

$$\frac{1}{(\zeta - z)^2}$$

は，$\frac{1}{\zeta - z}$ を z で微分したもの，

$$\frac{d}{dz} \frac{1}{\zeta - z}$$

に等しいことがわかる．

コーシーの積分公式 (1) の示していることは，f の z に関する変化の模様は，積分記号の中の $\frac{1}{\zeta - z}$ の変化に反映しているということである．したがって f の導関数を求めるには，積分記号の中で $\frac{1}{\zeta - z}$ を微分すればよい．それが上に述べた (3) である．

それでは同じように考えれば，$f(z)$ の高階の導関数 $f^{(n)}(z)$ $(n = 1, 2, \ldots)$ も存在して，それは，積分公式 (1) において

$$\frac{1}{\zeta - z}$$

を，z について n 階微分すればよいのではないかと考えられる．

実際，極限と積分の交換に関する議論を少ししておくならば，この予想は正し

いのである. この議論についてはここでは触れないで結果だけ述べておくことにしよう. まず

$$\frac{d^n}{dz^n}\frac{1}{\zeta-z}=\frac{n!}{(\zeta-z)^{n+1}}$$

となることを注意しよう (これは, n についての帰納法で簡単に示すことができる).

このことから次の定理が成り立つことが証明できる.

【定理】 正則関数 $f(z)$ は, 何回でも微分可能であって, $f(z)$ の n 階の導関数 $f^{(n)}(z)$ $(n=1,2,\dots)$ は

$$f^{(n)}(z)=\frac{n!}{2\pi i}\int_C\frac{f(\zeta)}{(\zeta-z)^{n+1}}\,d\zeta \tag{4}$$

と表わされる.

ζ が z に近づくとき, $\frac{1}{(\zeta-z)^{n+1}}$ は, n が大きいほど, 速いスピードで ∞ へと近づいていく. たとえば $\frac{1}{(\zeta-z)^5}$ は, $\frac{1}{(\zeta-z)^3}$ より, はるかに速く ∞ へ近づいていく.

その意味で, 前講のたとえを繰り返せば, $\frac{1}{(\zeta-z)^5}$ は $\frac{1}{(\zeta-z)^3}$ より, はるかに深いところから湧き上る z における渦であると考えてよいのである. n が大きくなるにつれ, ζ が z に近づくとき, この渦の深みに, ζ はますます深く吸いこまれる. この深い渦——特異性——から湧き上って表わされる'量'として, f の n 階の導関数の z における値 $f^{(n)}(z)$ が浮上してくるのである.

読者の中には, たとえば $f(z)=z^5$ のとき

$$f'(z)=5z^4,\quad f''(z)=5\cdot4z^3,\quad f'''(z)=5\cdot4\cdot3z^2$$
$$f^{(4)}(z)=5\cdot4\cdot3\cdot2\cdot z,\quad f^{(5)}(z)=5!$$

となることを, この公式で実際確かめてみたいという人がおられるかもしれない.

それは次のようにする. z を中心として, 半径 r の円を C とする. C 上の点 ζ は

$$\zeta=z+re^{i\theta}\quad(0\leqq\theta\leqq2\pi)$$

170　第24講　テイラー展開

と表わされる．また $d\zeta = ire^{i\theta}$ である．したがって $f(z) = z^5$ に公式 (4) を適用して，3階の導関数を求めてみると

$$\frac{3!}{2\pi i} \int_C \frac{\zeta^5}{(\zeta-z)^4} \, d\zeta = \frac{3!}{2\pi i} \int_0^{2\pi} \frac{(z+re^{i\theta})^5}{r^4 e^{i4\theta}} ire^{i\theta} \, d\theta$$

$$= \frac{3!}{2\pi} \frac{1}{r^3} \int_0^{2\pi} (z+re^{i\theta})^5 e^{-i3\theta} \, d\theta \tag{5}$$

となる．ここで整数 n に対し

$$\int_0^{2\pi} e^{in\theta} \, d\theta = \begin{cases} 2\pi, & n = 0 \\ 0, & n \neq 0 \end{cases} \tag{6}$$

が成り立つことに注意して，$(z+re^{i\theta})^5$ を展開して $e^{i3\theta}$ の項をとり出すと

$$_5\mathrm{C}_3 \, z^2 \cdot r^3 e^{i3\theta} = \frac{5 \cdot 4 \cdot 3}{3!} z^2 r^3 e^{i3\theta}$$

となる．したがって

$$(5) \text{ の右辺} = \frac{3!}{2\pi} \frac{1}{r^3} \int_0^{2\pi} \frac{5 \cdot 4 \cdot 3}{3!} z^2 r^3 e^{i3\theta} e^{-i3\theta} \, d\theta$$

$$= 5 \cdot 4 \cdot 3 z^2$$

となる（$(z+re^{i\theta})^5$ の展開から出るほかの項は，(6) から，$e^{-i3\theta}$ をかけて積分すると 0 になる！）．これで (3) を用いても $(z^5)''' = 5 \cdot 4 \cdot 3 z^2$ となることが計算できることがわかった．

　z^5 のほかの高階導関数についても，同様に計算できる．

テイラー展開

　コーシーの積分公式は，さらに深い結果へと私たちを導いていく．それは，正則関数は，各点の近くでは必ずベキ級数として表示されるということである．結果を少し先にいえば，正則関数 $f(z)$ は，各点 $z = a$ の近くでは必ず

$$f(z) = \alpha_0 + \alpha_1(z-a) + \alpha_2(z-a)^2 + \cdots + \alpha_n(z-a)^n + \cdots$$

と表わされるのである．正則関数が，このように整式の極限としてのベキ級数として表わされるということは，複素数の関数に対して微分可能性の概念を導入したときには，ほとんど予想もできないことであった．実数の場合には，微分可能な関数といっても，その関数はどの程度の関数まで含むのか，つねに漠然として

いて，私たちはグラフを想像して，'かど'がなければ微分可能であるというような感じ方で納得していた．ところが，複素数へくると，微分可能性は，関数の素顔を明らかにしてしまうのである．これは驚くべきことではなかろうか．

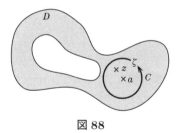

図 88

さて，話をもとに戻して，この結果を積分公式から導いてみよう．

$f(z)$ を領域 D 上で定義された正則関数とし，a を D 内の 1 点とする．a を中心として D 内に含まれる円を描き，この円周を正の方向に一周する道を C とする．C で囲まれた円の中に任意の点 z をとる (図 88 参照．いずれ，z はこの円の中を動く変数と考えるのである)．

C 上を動く変数を ζ とすると

$$|z-a| < |\zeta - a| \quad (z \text{ は円の中にあるから})$$

したがって

$$\frac{|z-a|}{|\zeta-a|} < 1 \tag{7}$$

である．

積分公式を変形して

$$\begin{aligned}
f(z) &= \frac{1}{2\pi i} \int_C \frac{f(\zeta)}{\zeta - z} \, d\zeta \\
&= \frac{1}{2\pi i} \int_C \frac{f(\zeta)}{(\zeta - a) - (z - a)} \, d\zeta \\
&= \frac{1}{2\pi i} \int_C \frac{f(\zeta)}{1 - \frac{z-a}{\zeta-a}} \frac{1}{\zeta - a} \, d\zeta
\end{aligned} \tag{8}$$

ここで次の結果を用いる．

> 複素数 λ が $|\lambda| < 1$ をみたしているとき
> $$1 + \lambda + \lambda^2 + \cdots + \lambda^n + \cdots = \frac{1}{1-\lambda}$$

この等式は $(1-\lambda)(1+\lambda+\lambda^2+\cdots+\lambda^n) = 1-\lambda^{n+1}$ で，$n \to \infty$ とすると得ら

れる．$|\lambda|^{n+1} \to 0 \ (n \to \infty)$ に注意しよう (これは複素数のときの等比数列の公式にほかならない).

(7) に注意すると，(8) の積分の中にある式
$$\frac{1}{1 - \frac{z-a}{\zeta-a}}$$
にこの結果を用いることができるのである $\left(\lambda = \frac{z-a}{\zeta-a}\ と考えるのである\right)$. したがって
$$f(z) = \frac{1}{2\pi i} \int_C f(\zeta) \sum_{n=0}^{\infty} \left(\frac{z-a}{\zeta-a}\right)^n \frac{1}{\zeta-a} \, d\zeta \tag{9}$$
ここで $\int$ と $\sum_{n=0}^{\infty}$ をとりかえると (Tea Time 参照)
$$f(z) = \frac{1}{2\pi i} \sum_{n=0}^{\infty} \int_C f(\zeta) \frac{(z-a)^n}{(\zeta-a)^{n+1}} \, d\zeta \tag{10}$$
この右辺で $(z-a)^n$ は積分変数 ζ とは無関係だから，積分記号の外に出してよい．また
$$f^{(n)}(a) = \frac{n!}{2\pi i} \int_C f(\zeta) \frac{1}{(\zeta-a)^{n+1}} \, d\zeta \quad (n = 0, 1, 2, \ldots)$$
に注意して，(10) を見直すと，結局
$$f(z) = \sum_{n=0}^{\infty} \frac{f^{(n)}(a)}{n!} (z-a)^n$$
が成り立つことがわかった．

この右辺は，テイラー展開の形となっている．これで次の定理が証明された．

【定理】 領域 D 上で定義された正則関数 $f(z)$ は，D 内の 1 点 a を中心として，D 内に含まれる円内で，テイラー展開が可能である:
$$f(z) = \sum_{n=0}^{\infty} \frac{f^{(n)}(a)}{n!} (z-a)^n$$

Tea Time

 積分と無限和の交換

第 17 講でも少し触れたように，極限の交換は一般には成り立たないから，極限

の交換を行なうのは，'危険な橋' を渡るような慎重さが要求される．この状況は
積分と無限和の交換についても同じことである．積分に極限は入っていないと思
うかもしれないが，たとえば実数の場合

$$\int_0^1 \left(\sum_{i=1}^{\infty} f_i(x) \right) dx \quad \text{と} \quad \sum_{i=1}^{\infty} \int_0^1 f_i(x) dx$$

を，定義に戻ってかいてみると

$$\lim_{n \to \infty} \frac{1}{n} \sum_{k=1}^{n} \left(\lim_{N \to \infty} \sum_{i=1}^{N} f_i \left(\frac{k}{n} \right) \right)$$

と

$$\lim_{N \to \infty} \sum_{i=1}^{N} \left(\lim_{n \to \infty} \frac{1}{n} \sum_{k=1}^{n} f_i \left(\frac{k}{n} \right) \right)$$

となる．これは明らかに，極限の交換の式であって，一般には成り立つとは限ら
ないのである．

講義で (9) から (10) へうつったところは次のようにして，極限交換の '橋' を
渡ったのである．

$$\lambda = \frac{z - a}{\zeta - a}$$

とおくと，z をとめた場合，λ は ζ の関数となる．しかし ζ が円周 C 上を動くと
き，ζ にはよらない λ_0，$0 < \lambda_0 < 1$ が存在して $|\lambda| < \lambda_0$ となっている．

いま正数 ε が与えられたとする．このとき番号 N さえ十分大きくとってお
くと

$$\sum_{n=N+1}^{\infty} \lambda_0{}^n < \varepsilon$$

となる．

そこで，(9) から (10) へうつるところを，乗数 $\frac{1}{2\pi i}$ を省略して確かめると次の
ようになる．

$$\int_C \frac{f(\zeta)}{\zeta - z} \sum_{n=0}^{\infty} \lambda^n \, d\zeta = \int_C \frac{f(\zeta)}{\zeta - z} \sum_{n=0}^{N} \lambda^n \, d\zeta + \int_C \frac{f(\zeta)}{\zeta - z} \sum_{n=N+1}^{\infty} \lambda^n \, d\zeta$$

$$= \sum_{n=0}^{N} \int_C \frac{f(\zeta)}{\zeta - z} \lambda^n \, d\zeta + \int_C \frac{f(\zeta)}{\zeta - z} \sum_{n=N+1}^{\infty} \lambda^n \, d\zeta \quad (11)$$

この右辺第 2 項は

$$\left| \int_C \frac{f(\zeta)}{\zeta - z} \sum_{n=N+1}^{\infty} \lambda^n \, d\zeta \right| \leqq \int_C \frac{|f(\zeta)|}{|\zeta - z|} \sum_{n=N+1}^{\infty} \lambda_0{}^n \, d|\zeta|$$

$$\leqq \varepsilon \frac{M}{R_0} \, 2\pi R$$

174   第 24 講 テイラー展開

$(M = \sup\limits_{\zeta \in C} |f(\zeta)|, \ R_0 = \operatorname*{Min}\limits_{\zeta \in C} |\zeta - z|, \ R = |\zeta - a|).$

したがって $N \to \infty$ のとき，この項は $\to 0$ となる．これで (11) の右辺で $N \to \infty$ とすると，

$$\int_C \frac{f(\zeta)}{\zeta - z} \sum_{n=0}^{\infty} \lambda^n d\zeta = \sum_{n=0}^{\infty} \int_C \frac{f(\zeta)}{\zeta - z} \lambda^n d\zeta$$

となることがわかり，無事に (9) から (10) への‘橋’を渡りきったのである．

第 **25** 講

最大値の原理

テーマ

◆ 正則関数の絶対値が定数ならば，$f(z)$ 自身が定数となる．

◆ 円の中心 z_0 における $|f(z_0)|$ の値は，円周上の $|f(z)|$ の最大値，最小値の間にある．

◆ 最大値の原理：$|f(z)|$ の最大値，最小値は，周上でとる．

◆ リューヴィユの定理：全複素平面で定義された有界な正則関数は定数に限る．

正則関数の絶対値

領域 D 上で定義された正則関数 $f(z)$ を考えよう．$f(z)$ の絶対値 $|f(z)|$ は，D 上の実数値連続関数となる．実際，$f(z) = u(x, y) + iv(x, y)$ とすると

$$|f(z)| = \sqrt{u(x, y)^2 + v(x, y)^2}$$

と表わされる．

まず次のことを注意しよう．

$|f(z)|$ が定数 K に等しければ，$f(z)$ 自身，定数である．

【証明】 $K = 0$ ならば，$|f(z)| = 0$. したがって $f(z) = 0$. $K \neq 0$ ならば，$|f(z)|^2 = f(z)\overline{f(z)} = K^2$. したがって

$$\overline{f(z)} = \frac{K^2}{f(z)}$$

$\overline{f(z)}$ は定数でなければ，けっして正則関数にはなりえないことに注意すると，この式から $f(z)$ が定数のことがわかる． ∎

176   第25講 最大値の原理

円周上の $|f(z)|$ の最大値

D 内の 1 点 z_0 をとる. 正数 r を十分小さくとって, 円周
$$C_r = \{z \mid |z - z_0| = r\}$$
および, C_r の内部は, すべて D の点からなるとする. C_r は, 複素平面の有界な閉集合だから, $|f(z)|$ は実数値連続関数であることに注意すると, $|f(z)|$ は C_r 上で必ず最大値 M_0 をとる. ところがこのとき, 円の中心 z_0 における $|f(z_0)|$ の値は, 円周上の最大値 M_0 の値をけっして越えることがないということが結論されてしまうのである. すなわち

$$|f(z_0)| \leqq M_0 \qquad (1)$$

が成り立つ.

【証明】 M_0 は C_r 上での $|f(z)|$ の最大値であったことに注意すると
$$\zeta \in C_r \Longrightarrow |f(\zeta)| \leqq M_0$$
したがって, コーシーの積分公式によって

$$|f(z_0)| = \left| \frac{1}{2\pi i} \int_{C_r} \frac{f(\zeta)}{\zeta - z_0} \, d\zeta \right| \qquad (2)$$

$$\leqq \frac{M_0}{2\pi} \int_{C_r} \frac{1}{|\zeta - z_0|} \, d|\zeta| \qquad (3)$$

$$= \frac{M_0}{2\pi r} \, 2\pi r \quad (|\zeta - z_0| = r \text{ による})$$

$$= M_0$$

これで (1) が証明された. ∎

等号の成り立つとき

上の証明で等号が成り立つ場合とは？ それは (2) から (3) へうつるとき, 等号が成り立つような場合である. もし, $|f(\zeta)|$ が, C_r 上で恒等的に M_0 に等しくなければ, $|f(\zeta)|$ の C_r 上での連続性から, 十分小さい正数 $\tilde{\varepsilon}$ をとると, C_r のある部分弧 $\tilde{C}$ 上で
$$|f(\zeta)| < M_0 - \tilde{\varepsilon}$$

となるだろう. このとき (2) を

$$(2) = \left| \int_{C_r} \right| \leqq \left| \int_{C_r - \tilde{C}} \right| + \left| \int_{\tilde{C}} \right|$$

とわけてみると, 容易に (2) から (3) へうつるところが不等号 < となってしまうことがわかる.

　したがって

$$\boxed{|f(z_0)| = M_0 \Longrightarrow C_r \text{ 上でつねに } |f(\zeta)| = M_0 \qquad (\sharp)}$$

が導かれた.

最大値の原理

　いま, D は複素数平面の中の有界な領域とし, $f(z)$ に対しては, D で正則であるという仮定のほかに, D の境界までこめた閉領域 $\bar{D}$ 上で連続であるという仮定もつけ加えておく. このとき, $|f(z)|$ は $\bar{D}$ 上で定義された実数値連続関数となる.

　よく知られた連続関数の性質によって, $|f(z)|$ は $\bar{D}$ 上で有界であって最大値 M をとる.

　いま, D の内部のある点 z_0 で $|f(z)|$ が最大値 M をとったと仮定してみよう. このとき z_0 を中心として, 円周 C_r をかき, これに対して上の議論を適用する. まずこの仮定から (1) 式の右辺では等号が成り立たなくてはならないことを注意しよう (何しろ $|f(z_0)|$ は, $\bar{D}$ の中で一番大きい値をとっているのである!). したがって $(\sharp)$ が $M_0 = M$ として成り立つ.

　ところが, この議論は, z_0 を中心として, D に含まれる任意の円周 C_r で成り立つのである.

　半径 r をいろいろに動かすことによって, このことから, $|f(z)|$ は z_0 を中心として, D に含まれている任意の円の中で定数であって,

$$|f(z)| = M$$

となることがわかる.

　したがって, この講の最初に述べたことによると, $|f(z)|$ が定数というだけで

なくて，$f(z)$ 自身が定数になる．すなわち z_0 を中心として，D に含まれている円の中では，

$$f(z) \equiv \text{定数}$$

となっている．

次講で述べる一致の定理を用いると，これから，$f(z)$ は，D 内で定数 M に等しいことを導くことができる．すなわち，$|f(z)|$ が D の内点で最大値をとると，$f(z)$ は必然的に定数となってしまうのである．

対偶をとって，次の定理が得られた．

【定理】　有界な領域 D 上で定義された正則関数 $f(z)$ が $\bar{D}$ で連続，かつ定数ではないとする．このとき，$|f(z)|$ の最大値は，D の境界上でとる．

これを最大値の原理という．

リューヴィユの定理

次のリューヴィユの定理は有名である．

【定理】　$f(z)$ は複素平面全体で定義された正則関数で，ある定数 M があって

$$|f(z)| \leqq M$$

が成り立つとする．このとき $f(z)$ は定数である．

【証明】　すべての z に対して，$f'(z) = 0$ となることを示しさえすればよい．

導関数 $f'(z)$ が恒等的に 0 ならば，$f(z)$ は定数であるということは，ほとんど明らかなことであろうが，次のようにしてもわかる．$f'(z) \equiv 0$ から，$f''(z) = \cdots = f^{(n)}(z) = \cdots \equiv 0$．したがって，$f(z)$ の（たとえば原点における）テイラー展開は，定数項しか残らない．

さて，z を任意に 1 つとって，そこで $f'(z) = 0$ となることを示そう．原点を中心として，半径 R の円を描き，この円周 C_R を正の方向にまわる積分路に沿って，$f'(z)$ に対する積分表示を適用してみる．

$$|f'(z)| = \left| \frac{1}{2\pi i} \int_{C_R} \frac{f(\zeta)}{(\zeta-z)^2}\, d\zeta \right|$$

$$\leqq \frac{M}{2\pi} \int_{C_R} \frac{1}{|\zeta-z|^2}\, d|\zeta|$$

$$\leqq \frac{M}{2\pi} \frac{2\pi R}{(R-|z|)^2} \quad (|\zeta-z| \geqq |\zeta|-|z|\,!\,)$$

$$= \frac{MR}{(R-|z|)^2}$$

ここで $R \to \infty$ とすると，最後の式は $\to 0$ となる．したがって，$f'(z) = 0$ でなくてはならない． ■

Tea Time

代数学の基本定理の別証明

コーシーの積分公式によって，理論全体がこのような高みにまで達すると，代数学の基本定理は，リューヴィユの定理によって簡単に証明することができる．

いま，$n \geqq 1$ とし n 次の整式

$$f(z) = z^n + \alpha_1 z^{n-1} + \cdots + \alpha_n$$

が，$f(z) = 0$ の解をもたなかったとする．このとき第 11 講でも述べたように

$$g(z) = \frac{1}{f(z)}$$

は，全平面で定義された正則関数であって，かつ $|g(z)|$ は有界となる．したがってリューヴィユの定理から $g(z)$ は定数となり，また $f(z)$ も定数となる．$n \geqq 1$ のとき，$f(z)$ は明らかに定数でないから，これは矛盾である．ゆえに，$f(z) = 0$ となる z は必ず存在する．これで代数学の基本定理が証明された．もっとも'代数学の'基本定理といっても，この証明は，整式を正則関数という解析学の檜舞台に上げて，純解析的な観点からこれに証明を与えたものであって，このような証明を好まない人もいるかもしれない．

第25講 最大値の原理

質問 複素数に関する結果というのは,次々にわからないことがでてくるようで,本当に困ってしまいます.実数の場合,たとえば区間 [0, 1] で定義された微分可能な関数で,任意に与えられた点 x_0, $0 \leqq x_0 \leqq 1$, において最大値をとるようなものは必ず存在します.最大値をとる場所は,端点 0 と 1 のどちらかであるなどという,そんなおかしなことはありません.ところが,正則関数では,$|f(z)|$ の最大値をとる場所は,必ず境界上にきてしまうといいます.これはいったいどうしたことでしょう.

答 最大値の原理というのは,確かに少し説明を加えておかないと,妙な感じがするかもしれない.いま,簡単のため,単位円で定義された正則関数 $f(z)$ を考えよう.$f(z)$ は円の内部で正則,円の周までこめたところで連続としておくのである.説明の便宜上,最大値の原理が成り立たないような状況がおきたと考えてみよう.たとえば実軸上の $\frac{1}{2}$ のところで,ちょうど $|f(z)|$ は最大値をとったとする.そうすると

$$|z| \leqq 1, \quad z \neq \frac{1}{2} \Longrightarrow |f(z)| < \left|f\left(\frac{1}{2}\right)\right|$$

が成り立つ (これも説明の便宜上,ほかの点では最大値をとらなかったと仮定している).

これは,図 89 で示してあるような状況がおきたことを意味している.図 89 を見るには多少想像力がいる.f によって $\frac{1}{2}$ が 0 から一番離れたところへうつされたのだから,z-平面の $\frac{1}{2}$ を通るどこかで折り返しがおきていなくてはならない.

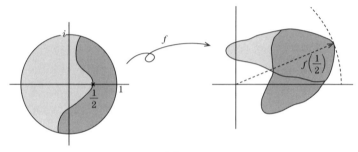

図 89

図 89 では，単位円の左側の方が，虚軸を切る上の部分へとうつされ，右側の方が下へ延びるように折り曲げられている．ところがこのように折り曲げられると，単位円の中で水が一様に広がる状況が，折れ線のところでは正則関数 f によってそのままうつされなくなってくる．このことは，折れ線に沿ったところでは，$f'(z) = 0$ となっていることを示すだろう．

　しかし，このように折れ線上だけでも $f'(z) = 0$ ということがおきてしまうと，単位円内で恒等的に $f'(z) = 0$ となってしまうのである (次講参照)．したがって $f(z)$ は定数となってしまって，このことは $z \neq \frac{1}{2} \Longrightarrow |f(z)| < \left| f\left(\frac{1}{2}\right) \right|$ とした仮定に矛盾してしまう．

　この説明からもわかるように，最大値の原理は，$\bar{D}$ の周を中に折りこんでしまうようなことは，正則写像 f によってはおきないのだということを，大体示しているのである．このことがわかると，最大値の原理とは，実数の場合の最大，最小とはまったく別な事実をいっていることに気がつくだろう．

第26講

一 致 の 定 理

━━ テーマ ━━

◆ 一致の定理

◆ 一致の定理の証明

第1段階：$f^{(n)}(z_0) = g^{(n)}(z_0)$　$(n = 0, 1, 2, \ldots)$

第2段階：z_0 を中心とする f と g のテイラー展開は一致する.

第3段階：一致する場所を接続していく.

◆ 三角関数の定義

◆ $\sin z$, $\cos z$ の加法定理

◆ オイラーの公式

◆ (Tea Time) 解析接続について

一致の定理

$f(z)$, $g(z)$ を領域 D 上で定義された2つの正則関数とする. このとき, $f(z)$ と $g(z)$ が D 上のごく小さいところで一致していれば, 実は $f(z)$ と $g(z)$ は D 上で完全に一致しているという驚くべき結果がある.

ごく小さいところで, と上にかいた部分をもう少し正確に述べるために正則な道という概念を導入しておこう. D 内の相異なる2点 z_0, z_1 を結ぶ道 $C : z = z(t)$ $(0 \leqq t \leqq 1)$ が正則であるとは, $z'(t) \neq 0$ がつねに成り立つことである. $z'(t)$ を道 C の t における速度ベクトルと考えると, 速度ベクトルがつねに0にならないという条件である.

z_0 と z_1 を結ぶ線分は (もし D 内に完全に含まれているならば), 道

$$z(t) = (1 - t)z_0 + tz_1 \quad (0 \leqq t \leqq 1)$$

として表わすことができる. このとき, $z'(t) = z_1 - z_0$ だから $z'(t) \neq 0$ であって, これは正則な曲線となる.

【定理】　$f(z)$, $g(z)$ を D 上で定義された正則な関数とする. $f(z)$ と $g(z)$ が, D

内の 2 点 z_0, z_1 を結ぶ正則な道 C 上で一致すれば，実は，D 上で $f(z)$ と $g(z)$ は恒等的に等しい．

この定理を<u>一致の定理</u>という．z_0 と z_1 はどんな近くにとってもよい．だから，たとえば図の上では表わすことができないくらいの，ミクロン単位のごく短い線分上ででも，もし f と g が一致していれば，そのことから，D 全体で f と g が一致していることが結論されてしまうのである．

証　　明

一致の定理を証明しよう．証明は 3 段階にわかれる．

第 1 段階：

(I) $\quad f^{(n)}(z_0) = g^{(n)}(z_0) \quad (n = 0, 1, 2, \ldots)$

が成り立つ．

【**(I) の証明**】 $\quad C$ 上の点 $z(t)$ $(0 \leqq t \leqq 1)$ で，仮定から

$$f(z(t)) = g(z(t)) \tag{1}$$

が成り立つから，両辺を t で微分して

$$\frac{df}{dt}(z(t)) = \frac{dg}{dt}(z(t))$$

すなわち

$$\frac{df}{dz}\frac{dz}{dt} = \frac{dg}{dz}\frac{dz}{dt}$$

が C 上で成り立つ．C は正則曲線であるという仮定から $\dfrac{dz}{dt} \neq 0$. したがって両辺を $\dfrac{dz}{dt}$ で割って

$$f'(z) = g'(z) \quad (z \in C) \tag{2}$$

が成り立つことがわかる．

(1) から (2) を導いたと同様にして，今度は (2) から

$$f''(z) = g''(z) \quad (z \in C)$$

が得られる．帰納的にこの論法を繰り返していくことにより

$$f^{(n)}(z) = g^{(n)}(z) \quad (n = 0, 1, 2, \ldots; z \in C)$$

が得られる．したがって特に C の始点 z_0 において

$$f^{(n)}(z_0) = g^{(n)}(z_0) \quad (n = 0, 1, 2, \ldots)$$

が成り立つ．

第 2 段階：

> (II)　z_0 から D の境界までの最短距離を r とする．このとき z_0 を中心とし，半径 r の円の内部で，つねに
> $$f(z) = g(z)$$
> が成り立つ．

【(II) の証明】　$0 < r' < r$ をみたす r' を任意にとる．z_0 を中心として，半径 r' の円を描くと，この円の内部も周も，D に完全に含まれている．したがって，テイラー展開することにより，この円の内部の任意の点 z で

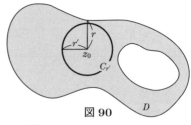

図 90

$$f(z) = f(z_0) + \frac{f'(z_0)}{1!}(z - z_0) + \frac{f''(z_0)}{2!}(z - z_0)^2 + \cdots$$

$$g(z) = g(z_0) + \frac{g'(z_0)}{1!}(z - z_0) + \frac{g''(z_0)}{2!}(z - z_0)^2 + \cdots$$

が成り立つ．

(I) の結果を参照すると，これから $f(z) = g(z)$ が結論できる．r' は r にいくらでも近くとれるから，結局半径 r の円の内部のすべての点 z で $f(z) = g(z)$ が成り立つことがわかる．

第 3 段階：

> (III)　D の任意の点 $\tilde{z}$ に対して $f(\tilde{z}) = g(\tilde{z})$

【(III) の証明】　z_0 と $\tilde{z}$ を D 内の道 C で結ぶ．C と D の境界の最短距離を r とする．D が全平面のようなときは $r = \infty$ となるが，このときは以下の証明で，r は適当な正数をとっておくものとする．

z_0 を中心として，半径 r の円 $\tilde{C}_0$ を描く．$\tilde{C}_0$ の周も内部も D の点からなり，したがってこの円の内部では，(II) により
$$f(z) = g(z)$$
であり，したがってまた
$$f^{(n)}(z) = g^{(n)}(z) \quad (n = 0, 1, 2, \ldots) \tag{3}$$
である．

次に z_0 を中心として半径 $\dfrac{r}{2}$ の円を描き，この円周と道 C が最初に交わる点を z_1 とする．z_1 を中心として半径 r の円 $\tilde{C}_1$ を描く．$\tilde{C}_1$ の内部は D の点からなり，また (3) から z_1 では
$$f^{(n)}(z_1) = g^{(n)}(z_1) \quad (n = 0, 1, 2, \ldots)$$
が成り立っている．したがって，z_1 を中心とするテイラー展開を考えることにより，$\tilde{C}_1$ の内部で

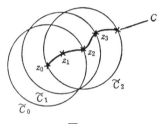

図 91

$$f(z) = g(z)$$
が成り立つことがわかる．

今度は，z_0 の代りに z_1 をとって，z_1 を中心として半径 $\dfrac{r}{2}$ の円を描き，この円周と道 C が最初に交わる点を z_2 とする．z_2 を中心として，半径 r の円 $\tilde{C}_2$ を描く．上と同様に $\tilde{C}_2$ の内部で
$$f(z) = g(z)$$
が成り立つことがわかる．

このような操作を有限回繰り返すと，道 C の終点 $\tilde{z}$ を内部に含む円 $\tilde{C}_k$ が得られて，結局
$$f(\tilde{z}) = g(\tilde{z})$$
となることがわかる．

(III) の内容は，一致の定理そのものだから，これで一致の定理が完全に証明された． ∎

三角関数の定義

複素数 z に対して，$\sin z$ と $\cos z$ をベキ級数

186 第 26 講 一 致 の 定 理

$$\sin z = z - \frac{z^3}{3!} + \frac{z^5}{5!} - \frac{z^7}{7!} + \cdots$$

$$\cos z = 1 - \frac{z^2}{2!} + \frac{z^4}{4!} - \frac{z^6}{6!} + \cdots$$

によって定義する. この右辺のベキ級数の収束半径は ∞ だから, $\sin z$, $\cos z$ は, 全複素平面上で定義された正則関数となる.

また, z が特に実数 x のときには, $\sin x$, $\cos x$ は私たちのよく知っている三角関数となっている. それは, 微分・積分で学んだ $\sin x$, $\cos x$ のテイラー展開の式によっている.

$\sin z$, $\cos z$ の加法定理

このとき, 実数の場合によく知られている三角関数の加法定理がそのままの形で複素数でも成り立つのである. すなわち

$$\sin(z+w) = \sin z \cos w + \cos z \sin w$$
$$\cos(z+w) = \cos z \cos w - \sin z \sin w$$

【証明】 このような証明には, 一致の定理が有効に用いられる.

まず実数 a を固定して

$$\sin(z+a) = \sin z \cos a + \cos z \sin a$$

が成り立つことを示そう. $f(z) = \sin(z+a)$, $g(z) = \sin z \cos a + \cos z \sin a$ とおくと, 三角関数の加法定理から, 実数 x に対して

$$f(x) = g(x)$$

が成り立つことがわかる. 実軸上で f と g は一致しているのだから, 一致の定理によって, すべての複素数 z に対して

$$f(z) = g(z)$$

が成り立つ. ここで f と g が全複素平面で定義された正則関数であることが用いられている.

したがって任意の実数 a に対して

$$\sin(z+a) = \sin z \cos a + \cos z \sin a$$

が成り立つことがわかった.

今度は複素数 z を1つ固定して，a を実変数 x におきかえてみる．
$$\sin(z+x) = \sin z \cos x + \cos z \sin x$$
変数 x に注目して，ここに一致の定理を使うと，上と同様にして，任意の複素数 w に対して
$$\sin(z+w) = \sin z \cos w + \cos z \sin w$$
が成り立つことがわかる．

z と w は任意の複素数でよかったのだから，これで $\sin z$ の加法定理が複素数について成り立つことが証明された．

$\cos z$ の加法定理も，同様にして示すことができる． ∎

オイラーの公式

オイラーの公式
$$e^{ix} = \cos x + i \sin x$$
は，いままでもしばしば用いてきた．この左辺は，正則関数 e^{iz} の実軸上でとる値，右辺は正則関数 $\cos z + i \sin z$ の実軸上でとる値であることに注意すると，一致の定理によって

> すべての複素数 z に対して
> $$e^{iz} = \cos z + i \sin z$$

が成り立つことがわかる．

Tea Time

 解析接続について

一致の定理の証明の第3段階を見ると，次の考えが基本となっていることがわかる．z_0 を中心とする円 $\tilde{C}$，この円内にある z_1 を中心とする円 $\tilde{C}'$ に対し，$\tilde{C}$ の内部で収束するテイラー展開の形で与えられた正則関数 $f_{\tilde{C}}(z)$ と，$\tilde{C}'$ の内部で収束するテイラー展開の形で与えられた正則関数 $f_{\tilde{C}'}(z)$ があって，
$$\tilde{C} \cap \tilde{C}' \text{ 上で } f_{\tilde{C}}(z) = f_{\tilde{C}'}(z)$$

が成り立っているとする (図 92 の斜線部で $f_{\tilde{C}}$ と $f_{\tilde{C}'}$ は一致しているとする). $f_{\tilde{C}'}$ は, $f_{\tilde{C}}$ の z_1 を中心とするテイラー展開を表わしていることを注意しておこう. このとき $f_{\tilde{C}}$ と $f_{\tilde{C}'}$ は, 貼り合わされて, $\tilde{C} \cup \tilde{C}'$ の中で定義された新しい正則関数 $\tilde{f}$ を生む. この $\tilde{f}$ は, $f_{\tilde{C}}$ によって一意的に決まってしまっている. $f_{\tilde{C}}$ は, 正則関数とし

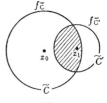

図 92

てその定義域を広げようとするとき, 広げる仕方までもう決めてしまっているのである. $\tilde{C}$ 上で $f_{\tilde{C}}(z)$ と一致するような正則関数が $\tilde{C} \cup \tilde{C}'$ 上にあるとすれば, それは必然的に $\tilde{f}(z)$ と一致してしまう (一致の定理!).

第 24 講で見たように, 正則関数は 1 点の近くでは, テイラー展開が可能であった. テイラー展開は, いわば正則関数の局所的な構成分子のようなものである. 上に述べたことを, この観点で見直すと, 正則関数というのは, テイラー展開で表わされるこの構成分子を, 次々と貼り合わせてでき上がっていくものではないかという考えが生じてくる. 一意性の定理のいっていることは, このとき, 何回か貼り合わせて, ずっと先まで接続されてつくられた関数のもつ情報も, 実は, 出発点にとった最初の構成分子——テイラー展開——の中に, 原理的にはすべて含まれているということである.

このような考えで, 関数を構成していくことを, 解析接続という.

質問 いまお話をしていただいたばかりの解析接続という考えについてなのですが, この考えで, $w = \log z$ の多価性——単位円周を正の向きに一周すると $2\pi i$ だけ加わる——を説明できるのでしょうか.

答 $w = \log z$ は, $z = 0$ では定義されていない. その意味で, $z = 0$ は, $w = \log z$ の特異点である. いま $z = 1$ を中心とするテイラー展開

$$(z-1) - \frac{(z-1)^2}{2} + \frac{(z-1)^3}{3} - \frac{(z-1)^4}{4} + \cdots + (-1)^{n-1}\frac{(z-1)^n}{n} + \cdots$$

を考えると, このベキ級数の収束半径は 1 であって, z が実数 x, $0 < x < 2$ のとき, 対数 $\log x$ を表わしている. 解析接続の考えによると, このテイラー展開から出発して, 順次解析接続をしていって, 複素数 z に対して $\log z$ を定義しよ

うと試みることになる．

ところが，実際順次テイラー展開をつくってみても，これらのベキ級数は，$z=0$ では収束しない．したがって，テイラー展開の収束域は，$z=0$ に接する円の内部になる (図 93 参照). このとき，単位円周上にある 1 点 z から出発して，正の向きに単位円周を一周して，接続し終って，もとへ戻ってみると，もとの $\log z$ の値に，$2\pi i$ だけ加えられていることが判明するのである．このようにして多

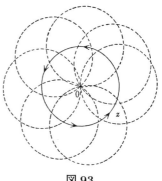

図 93

価性の生ずる理由は，解析接続の考えからもわかる．この場合，$z=0$ を中心にして，ぐるぐるまわりながら解析接続を繰り返して関数 $\log z$ を構成していくことは，ちょうどらせん階段を昇っていくような感じとなっている．

'一意性の定理' は，この場合，0 をまわる曲線に沿って同様な接続を行なってみても，この状況が一意的におきることを保証していることになる．

第27講

孤 立 特 異 点

テーマ
- ◆ 孤立特異点
- ◆ 孤立特異点のまわりのローラン展開
- ◆ 除去可能な特異点
- ◆ リーマンの定理

孤立特異点

領域 D 内に 1 点 a があるとき，D から a を除いた領域を，D_a で表わすことにしよう.

D_a 上で定義された正則関数 $f(z)$ のことを，a を孤立特異点とする D 上の正則関数という. $f(z)$ の a における値は与えられていないが，a の近くでは $f(z)$ の値は決まっているのだから，

$$z \to a \text{ のとき, } \quad f(z) \to ?$$

ということを考えることができる.

実際，a のまわりでは $f(z)$ が正則であるという性質が強く働いて，孤立特異点のまわりにおける $f(z)$ の挙動を，かなり詳しく調べることができるのである.

孤立特異点のまわりにおける $f(z)$ の表示

$0 < r' < r$ とする. $f(z)$ の孤立特異点 a を中心にして，半径 r'，半径 r の 2 つの円を描き，これをそれぞれ C' と C で表わす. C' は C の内側にある半径 r' の円である. r を十分小さくとって，C の内部はすべて D の点からなるとする. C の周上の 1 点 A を C' の周上の 1 点 B へ，向きのついた線分 L で結ぶ. 図 94 で示したように，C, C' の周上を A または B から出発して正の向きに一周する道も，同じ記号 C, C' で表わす. このとき，A から出発して A に戻る道

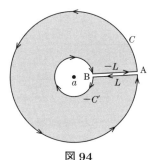

図 94

$$C \longrightarrow L \longrightarrow -C' \longrightarrow -L$$

は，図 94 で灰色の部分で示された円環領域を囲む道である．

この円環領域で $f(z)$ は正則な関数だから，コーシーの積分公式を用いて，この円環領域内での任意の点 z で，$f(z)$ は

$$\begin{aligned}
f(z) &= \frac{1}{2\pi i} \left\{ \int_C \frac{f(\zeta)}{\zeta - z} \, d\zeta + \int_L \frac{f(\zeta)}{\zeta - z} \, d\zeta + \int_{-C'} \frac{f(\zeta)}{\zeta - z} \, d\zeta \right. \\
&\quad \left. + \int_{-L} \frac{f(\zeta)}{\zeta - z} \, d\zeta \right\} \\
&= \frac{1}{2\pi i} \int_C \frac{f(\zeta)}{\zeta - z} \, d\zeta - \frac{1}{2\pi i} \int_{C'} \frac{f(\zeta)}{\zeta - z} \, d\zeta
\end{aligned} \tag{1}$$

と表わされる (L 上の積分は，往復することで打消し合う)．

ここで

(i)　ζ が C 上を動くときは $|z - a| < |\zeta - a|$

(ii)　ζ が C' 上を動くときは $|z - a| > |\zeta - a|$

であることに注意しよう．

したがって，無限級数の収束性に注意すると

(i)　ζ が C 上を動くとき

$$\begin{aligned}
\frac{1}{\zeta - z} &= \frac{1}{(\zeta - a) - (z - a)} \\
&= \frac{1}{\zeta - a} \, \frac{1}{1 - \frac{z-a}{\zeta - a}} \\
&= \frac{1}{\zeta - a} \left\{ 1 + \frac{z - a}{\zeta - a} + \left(\frac{z - a}{\zeta - a} \right)^2 + \cdots \right\}
\end{aligned}$$

192　第 27 講　孤 立 特 異 点

(ii)　ζ が C' 上を動くとき

$$\frac{1}{\zeta - z} = \frac{1}{(\zeta - a) - (z - a)}$$

$$= \frac{1}{z - a} \frac{-1}{1 - \frac{\zeta - a}{z - a}}$$

$$= \frac{-1}{z - a} \left\{ 1 + \frac{\zeta - a}{z - a} + \left(\frac{\zeta - a}{z - a} \right)^2 + \cdots \right\}$$

と表わされる.

　この式を (1) に代入する. このとき積分記号の中に無限和が現われるが, 第 24 講の Tea Time で述べたと同様な議論を行なうことにより, この無限和は, 積分記号の外へ出してもよいことが示される. その結果だけかくと次のようになる.

$$f(z) = \frac{1}{2\pi i} \int_C \frac{f(\zeta)}{\zeta - a} \, d\zeta + \frac{1}{2\pi i} \int_C \frac{f(\zeta)}{(\zeta - a)^2} \, d\zeta \cdot (z - a)$$

$$+ \frac{1}{2\pi i} \int_C \frac{f(\zeta)}{(\zeta - a)^3} \, d\zeta \cdot (z - a)^2 + \cdots$$

$$+ \frac{1}{2\pi i} \int_{C'} f(\zeta) \, d\zeta \cdot \frac{1}{z - a} + \frac{1}{2\pi i} \int_{C'} f(\zeta)(\zeta - a) \, d\zeta \cdot \frac{1}{(z - a)^2}$$

$$+ \frac{1}{2\pi i} \int_{C'} f(\zeta)(\zeta - a)^2 \, d\zeta \cdot \frac{1}{(z - a)^3} + \cdots \tag{2}$$

ローラン展開

(2) 式は, 右辺の $(z - a)^n$ $(n = 0, \pm 1, \pm 2, \ldots)$ に注目して

$$\boxed{\begin{aligned} f(z) &= \cdots + \frac{a_{-n}}{(z - a)^n} + \cdots + \frac{a_{-2}}{(z - a)^2} + \frac{a_{-1}}{z - a} \\ &\quad + a_0 + a_1(z - a) + a_2(z - a)^2 + \cdots + a_n(z - a)^n + \cdots \end{aligned}} \tag{3}$$

と表わした方が見やすい.

　ここで

$$a_n = \frac{1}{2\pi i} \int_C \frac{f(\zeta)}{(\zeta - a)^{n+1}} \, d\zeta \quad (n = 0, 1, 2, \ldots)$$

$$a_{-n} = \frac{1}{2\pi i} \int_{C'} f(\zeta)(\zeta - a)^{n-1} \, d\zeta \quad (n = 1, 2, 3, \ldots)$$

ここで，コーシーの積分定理を，前に述べた円環領域に使ってみると

$$\frac{1}{2\pi i} \int_{C'} f(\zeta)(\zeta - a)^{n-1} \, d\zeta = \frac{1}{2\pi i} \int_{C} f(\zeta)(\zeta - a)^{n-1} \, d\zeta$$

となることがわかる．そこで，a_n, a_{-n} を 1 つの式にまとめてかくことができて

$$a_n = \frac{1}{2\pi i} \int_{C} f(\zeta)(\zeta - a)^{-n-1} \, d\zeta \quad (n = 0, \pm 1, \pm 2, \ldots) \qquad (4)$$

となる．

【定義】 $f(z)$ を孤立特異点 a のまわりで，(2) のように表わすことを，$f(z)$ を a のまわりでローラン展開するという．このとき係数 a_n は (4) で与えられている．

　ローラン展開の式で，z は a にいくらでも近くとれることに注意しよう．したがって $z \to a$ のとき，$f(z)$ がどのような挙動を示すかは，ローラン展開を通して調べることができる．

除去可能な特異点

　z が孤立特異点 a に近づくときに，$|f(z)|$ がある有界な範囲にとどまっているような場合を考えてみよう．すなわちある正数 M で，a の近く，$0 < |z - a| < \varepsilon$ で

$$(\sharp) \quad |f(z)| \leqq M$$

が成り立つとする．

　いま，ε より小さい正数 r をとって，a を中心とする半径 r の円周を C_r として，この C_r を正の向きに一周する積分路に沿って，ローラン展開の $a_{-1}, a_{-2}, \ldots$ を評価してみる．

$$|a_{-1}| = \left| \frac{1}{2\pi i} \int_{C_r} f(\zeta) \, d\zeta \right| \leqq \frac{1}{2\pi} \int_{C_r} |f(\zeta)| \, d|\zeta|$$

$$\leqq \frac{M}{2\pi} \cdot 2\pi r = Mr \longrightarrow 0 \quad (r \to 0)$$

194　第 27 講　孤 立 特 異 点

$$
|a_{-2}| = \left| \frac{1}{2\pi i} \int_{C_r} f(\zeta)(\zeta - a)\, d\zeta \right|
$$

$$
\leqq \frac{1}{2\pi} \int_{C_r} |f(\zeta)||\zeta - a|\, d|\zeta|
$$

$$
\leqq \frac{M}{2\pi} r \cdot 2\pi r \quad (|\zeta - a| = r \text{ に注意})
$$

$$
= M r^2 \longrightarrow 0 \quad (r \to 0)
$$

同様にして

$$
|a_{-n}| \leqq M r^n \longrightarrow 0 \quad (r \to 0)
$$

のことがわかる.

したがって, 条件 (♯) が成り立つときは

$$
a_{-1} = a_{-2} = a_{-3} = \cdots = a_{-n} = \cdots = 0
$$

となる.

したがって $f(z)$ の a のまわりのローラン展開は

$$
f(z) = a_0 + a_1(z - a) + a_2(z - a)^2 + \cdots + a_n(z - a)^n + \cdots \qquad (5)
$$

となる.

このとき,

$$
\tilde{f}(z) = \begin{cases} a_0, & z = a \text{ のとき} \\ f(z), & z \in D_a \text{ のとき} \end{cases}
$$

と定義すると, $\tilde{f}(z)$ は D 上で定義された正則関数となる. 実際, $\tilde{f}(z)$ の a のまわりのテイラー展開は (5) で与えられている.

このように, a における値を適当に決めると, D_a 上で定義されていた正則関数 $f(z)$ が, D 上の正則関数 $\tilde{f}(z)$ へと拡張されるとき, 孤立特異点 a を, 除去可能な特異点であるという.

【定理】　$f(z)$ の孤立特異点 a が, 除去可能な特異点となるための必要かつ十分な条件は, $0 < |z - a| < \varepsilon$ で

$$
|f(z)| \leqq M
$$

を成り立たせる正数 M が存在することである.

条件が十分なことは上に示した．条件が必要なことは，もし a が除去可能な特異点ならば，$f(z)$ は，D 上の正則関数 $\tilde{f}(z)$ へ拡張される．$|\tilde{f}(z)|$ は a の近くで有界 ($|\tilde{f}|$ の連続性！) なのだから，$|f(z)|$ も有界なことがわかる． ∎

なおこの定理をリーマンの定理という．

Tea Time

質問 除去可能な特異点について，実数のときに対応するようなことがあったら教えてください．

答 実数の関数 $y = f(x)$ で，1 点を除いたところで連続だが，1 点では値が定義されていない例として
$$f(x) = \frac{x^2 - 4}{x - 2}$$
がある．この関数は $x = 2$ のとき定義されていない．しかし，$x \neq 2$ では
$$f(x) = x + 2$$
だから，
$$\tilde{f}(x) = \begin{cases} 4, & x = 2 \\ f(x), & x \neq 2 \end{cases}$$
とすると，$\tilde{f}(x)$ は $f(x)$ の連続的な拡張となっている．

質問が，'実数の中で' と制限がついていたので，このように述べたが，実数にこだわらなくてよいならば
$$f(z) = \frac{z^2 - 4}{z - 2}$$
とおくと，$f(z)$ は，$z = 2$ を孤立特異点とする正則関数であって，$z = 2$ は，除去可能な特異点となっている．この場合 $f(z) = 4 + (z - 2)$ が，ローラン展開となっている．

実数のときには，微分可能な関数 $f(x)$ が，'孤立特異点'(微分のできない点) のまわりで，$|f(x)| \leqq M$ となっていても，$f(x)$ が，特異点のところまで連続的に拡張されるとは限らない．そのような例としては
$$f(x) = \sin \frac{1}{x}$$

196   第 27 講　孤 立 特 異 点

がある．この関数は，$x = 0$ を孤立特異点にもっており，$|f(x)| \leqq 1$ であるが，原点の近くで，$+1$ と -1 の間を無限に振動する．$x = 0$ における値を定義してみようがない！　除去可能な特異点に関する，この講義で述べた結果はまことに簡明であるが，この簡明さは，本来，正則性に由来するのである．

第 **28** 講

極と真性特異点

テーマ

◆ 極 $z = a : z \to a$ のとき $f(z) \to \infty$

◆ n 位の極

◆ 真性特異点 $z = a : a$ は除去可能な特異点でも極でもない孤立特異点

◆ 真性特異点 $z = a$ のまわりで，ローラン展開は負ベキの項がいくらでも現われる．

◆ ワイエルシュトラスの定理

極

$f(z)$ は，a を孤立特異点としてもつ，領域 D_a 上の正則関数とする．

【定義】 $z \to a$ のとき，$|f(z)| \to \infty$ となるとき，孤立特異点 a は，f の極であるという．

極は，英語 pole の訳である．$z \to a$ のとき，リーマン球面上では，$f(z)$ は北極点に近づいている．極というのは，このような感じをいい表わしているのかもしれない．$|f(z)| \to \infty$ ということは，$f(z) \to \infty$ とかいても同じことである．

孤立特異点 a は f の極であるとしよう．このとき，正数 ε を十分小さくとると，

$$0 < |z - a| < \varepsilon \text{ で } |f(z)| \geqq 1$$

となる．したがって，$0 < |z - a| < \varepsilon$ で

$$g(z) = \frac{1}{f(z)}$$

は，a を孤立特異点にもつ正則関数であって

$$|g(z)| \leqq 1$$

である．したがって，a は，$g(z)$ の除去可能な特異点となる．

198　第 28 講　極と真性特異点

前講の結果から，$g(z)$ は，a のまわりでテイラー展開が可能である．この展開で，最初に 0 でない係数からかき出すと

$$g(z) = b_n(z-a)^n + b_{n+1}(z-a)^{n+1} + \cdots \quad (b_n \neq 0, \ n \geqq 0)$$

となる．$z \to a$ のとき，$|f(z)| \to \infty$，したがって $|g(z)| \to 0$ となるから，ここで $n \geqq 1$ である．(前講のように，$g(z)$ を $z = a$ にまで拡張して $\tilde{g}(z)$ としておくと，$\tilde{g}(a) = 0$ となっている．)

ゆえに

$$\frac{1}{f(z)} = g(z) = (z-a)^n \{b_n + b_{n+1}(z-a) + \cdots\}$$
$$= (z-a)^n G(z) \tag{1}$$

ここで

$$G(z) = b_n + b_{n+1}(z-a) + \cdots$$

とおいた．$G(a) = b_n \neq 0$ だから，$\dfrac{1}{G(z)}$ も a の近くでは正則な関数となる．したがって，$\dfrac{1}{G(z)}$ は a の近くで，a を中心とするテイラー展開が可能となる．あとの記号の使い方とあわすために，それを

$$\frac{1}{G(z)} = a_{-n} + a_{-n+1}(z-a) + a_{-n+2}(z-a)^2 + \cdots$$
$$+ a_0(z-a)^n + a_1(z-a)^{n+1} + \cdots$$

と表わす．$\dfrac{1}{G(a)} = \dfrac{1}{b_n} \neq 0$ により，$a_{-n} \neq 0$ である．

そこで (1) 式の逆数をとると

$$f(z) = \frac{a_{-n}}{(z-a)^n} + \frac{a_{-n+1}}{(z-a)^{n-1}} + \cdots + a_0 + a_1(z-a) + \cdots \tag{2}$$

となる．

前講で述べなかったが，孤立特異点 a の近くで，$f(z)$ が (2) の形に表わされれば，これは必然的に $f(z)$ のローラン展開と一致することが知られている (ローラン展開の一意性).

これで次の定理が証明された．

【定理】 $f(z)$ の孤立特異点 a が，極であるための必要十分な条件は，$f(z)$ の a を中心とするローラン展開が

$$f(z) = \frac{a_{-n}}{(z-a)^n} + \frac{a_{-n+1}}{(z-a)^{-n+1}} + \cdots + \frac{a_{-1}}{z-a}$$
$$+ a_0 + a_1(z-a) + \cdots + a_m(z-a)^m + \cdots \tag{3}$$

の形となることである．ここで $n \geqq 1$，$a_{-n} \neq 0$.

必要なことは上に示した．

十分なことは，もし $f(z)$ が上の形になっていれば

$$f(z) = \frac{1}{(z-a)^n} F(z)$$

$(F(z) = a_{-n} + a_{-n+1}(z-a) + \cdots$ は正則関数) と表わされ，$F(a) \neq 0$ から，$z \to a$ のとき $|f(z)| \to \infty$ となる． ∎

n 位 の 極

$f(z)$ の孤立特異点 a が極であって，a を中心とするローラン展開が (3) の形で表わされているとき，a を <u>n 位の極</u>という．

第 22 講の最後に示したように，a を中心にして半径 r の円周 C を正の向きに一周する積分路に沿って

$$\int_C (z-a)^n \, dz = \begin{cases} 2\pi i, & n = -1 \\ 0, & n \neq -1 \end{cases} \tag{4}$$

が成り立つ．

いま正数 r を，中心 a, 半径 r の円周 C が f の定義されている領域の中に入っているようにとる．このとき (3) の両辺を，この積分路 C に沿って積分したい．右辺は項別に積分してもよいことが知られている (これは C 上で，右辺の級数が一様収束していることからわかる)．

したがって，この項別積分の結果を認めた上で，(3) の両辺を C に沿って積分すると (4) から $n \neq -1$ 以外の $(z-a)^n$ の積分はすべて 0 となってしまって結局

$$\int_C f(z) \, dz = 2\pi i \, a_{-1} \tag{5}$$

が得られる.

なおこの結果は, 前講の (4) で $n = -1$ とおいてもわかることである.

$f(z)$ が a で 1 位の極をもつときには, (5) はもう少しはっきりした形で表わすことができる. すなわち, $f(z)$ が a で 1 位の極をもつ場合は, $f(z)$ は

$$f(z) = \frac{a_{-1}}{z - a} + a_0 + a_1(z - a) + a_2(z - a)^2 + \cdots$$

と表わされる. 両辺に $z - a$ をかけると

$$(z - a)f(z) = a_{-1} + a_0(z - a) + a_1(z - a)^2 + \cdots$$

となるから

$$\lim_{z \to a}(z - a)f(z) = a_{-1}$$

である. したがって (5) を参照して, 次の結果が得られた.

$f(z)$ が a を 1 位の極としてもつとき

$$\frac{1}{2\pi i}\int_C f(z)\,dz = \lim_{z \to a}(z - a)f(z)$$

が成り立つ.

ここで, 積分路 C は, a を中心とし, その中で $(a$ 以外では) $f(z)$ が定義されているような円の周を, 正の向きに一周したものである.

$f(z)$ の C に沿う積分が, 極限で表わされるという, 一見, 奇妙なことがおきたのである.

真性特異点

$f(z)$ は, a を孤立特異点としてもつ, 領域 D_a 上の正則関数とする. 除去可能な特異点や極は, いわば扱いやすい特異点であった. ところが孤立特異点の中でも強い特異性を示すものがある.

【定義】 a が, 除去可能な特異点でもなく, 極でもないとき, a を真性特異点という.

a が真性特異点ならば, a を中心としてローラン展開したとき, $z - a$ に関する負ベキの項 $\dfrac{a_{-n}}{(z - a)^n}$ が, 有限項で終ってしまうことはない. もしそうなれば, a は極となってしまうからである.

このことに注意すると，真性特異点 a は，次のようにローラン展開の言葉で特性づけることができる．

孤立特異点 a が真性特異点であるための必要かつ十分な条件は，a を中心とするローラン展開
$$f(z) = \cdots + \frac{a_{-n}}{(z-a)^n} + \cdots + \frac{a_{-1}}{z-a} + a_0$$
$$+ a_1(z-a) + \cdots + a_n(z-a)^n + \cdots$$
において，$a_{-n} \neq 0 \ (n = 1, 2, \ldots)$ となる項が無限に現われることである．

真性特異点 a に z が近づくとき，'真性'（essential）という言葉が示唆するように，$f(z)$ は，特異な振舞いを示すようになる．すなわち次の定理が成り立つ．

【定理】 孤立特異点 a は，$f(z)$ の真性特異点とする．そのとき，任意の複素数 w に対して，a に近づく適当な点列 $\{z_1, z_2, \ldots, z_n, \ldots\}$ をとると
$$z_n \to a \text{ のとき，} \quad f(z_n) \to w$$
となる．また，a に近づく適当な点列 $\{z_1', z_2', \ldots, z_n', \ldots\}$ をとると
$$z_n' \to a \text{ のとき，} \quad f(z_n') \to \infty$$
となる．

【証明】 適当な点列 $\{z_n\}$，$z_n \to a$ をとると，$f(z_n) \to w$ となることを示すには，任意に正数 δ, ε をとったとき
$$0 < |z-a| < \delta \text{ で，} \quad |f(z) - w| < \varepsilon$$
をみたす z が少なくとも 1 つ存在することを示すとよい．（読者は，δ，ε として，$1, \frac{1}{2}, \frac{1}{3}, \ldots$ をとって，このことを確かめてみられるとよい．）

背理法を用いて証明するため，いま述べたことが成り立たないと仮定してみる．このとき，ある正数 δ_0 と ε_0 が存在して
$$0 < |z-a| < \delta_0 \text{ でつねに } |f(z) - w| \geqq \varepsilon_0$$
が成り立つことになる．

したがって

とおくと，$F(z)$ は $0 < |z-a| < \delta_0$ で正則，a を孤立特異点にもち，かつ

$$F(z) = \frac{1}{f(z) - w}$$

$$|F(z)| \leq \frac{1}{\varepsilon_0}$$

となる．したがって，a は $F(z)$ の除去可能の特異点である．極のときの証明と同様に，$F(z)$ のテイラー展開を 0 でない項からかき出して

$$F(z) = c_n(z-a)^n + c_{n+1}(z-a)^{n+1} + \cdots \quad (c_n \neq 0)$$
$$= (z-a)^n \{c_n + c_{n+1}(z-a) + \cdots\}$$

とする．この形から

$$f(z) = \frac{1}{F(z)} + w$$

は，$n=0$ ならば，a を除去可能な特異点，$n>0$ ならば，n 位の極としてもつことがわかる．このことは，a が真性特異点であったことに矛盾する．したがって，背理法により適当な点列 $\{z_n\}$ をとると，$z_n \to a$ のとき $f(z_n) \to w$ となることが示された．

適当な点列 $\{z_n{}'\}$, $z_n{}' \to a$ を選ぶと，$f(z_n{}') \to \infty$ となることも同様に示すことができる．（この結果を否定すると $f(z)$ は，a の近くで有界となり，a を除去可能な特異点としてもつことになる．）

この定理をワイエルシュトラスの定理という．

Tea Time

質問 極の方は，頭の中で $y = \frac{1}{x-1}$ のグラフや，$y = \frac{1}{(x-1)^2}$ のグラフなどを思い浮かべて，大体の感じを捉えることができました．しかし，真性特異点に対するワイエルシュトラスの定理は，びっくりするような定理で，こんなことが本当におきるのだろうかと疑わしくなります．実数の場合でも，これに似た状況がおきることがあるのですか．

答 極の方は，$z \to a$ のとき，つねに $|f(z)| \to \infty$ である．したがってたとえ

ば複素関数 $w = \frac{1}{z-1}$ を考えたとき，z が特に実軸に沿って 1 に近づくときも，$|w| \to \infty$ となる．したがって，このときには，$z = 1$ が極であるという状況は，実数の中で見ることもできる．これは君の質問の最初に述べていることである．

しかし，真性特異点の方は，a に近づく適当な点列 $\{z_n\}$ をとると，$f(z_n) \to w$ という結果を述べている．複素平面の中で，適当に点列を選べば成り立つというような定理は，実軸だけに限ってみても，ほとんど何もわからない．a を実数としても，実軸上から a に近づく点列は，あまりにも特殊すぎるからである．

そうはいっても，ワイエルシュトラスの定理に近い状況を，実数の中で見ることのできる例は存在する．いま
$$w = \frac{1}{z}\sin\frac{1}{z}$$
という関数を考える．この関数は $z = 0$ を孤立特異点にもっていて，$z = 0$ を中心とするローラン展開は
$$w = \frac{1}{z^2} - \frac{1}{3!}\frac{1}{z^4} + \frac{1}{5!}\frac{1}{z^6} - \cdots$$
となり，したがって負ベキの項が無限に現われ，$z = 0$ は，真性特異点である．

そこで，実数に限って
$$y = \frac{1}{x}\sin\frac{1}{x}$$
という関数のグラフを描いてみよう．このグラフは，図 95 に示したように，$y = \frac{1}{x}$ と，$y = -\frac{1}{x}$ の間を無限に振動を繰り返しながら 0 に近づくグラフとなっている．図 95 の右に示したように，このとき任意の実数 y_0 に対して，0 に近づく適当な

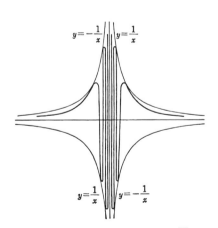
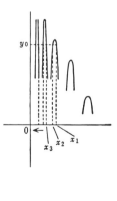

図 95

204   第 28 講　極と真性特異点

点 $\{x_n\}$ をとると

$$\frac{1}{x_n}\sin\frac{1}{x_n} \longrightarrow y_0 \quad (n \to \infty)$$

となる．実際は，図で示したように，つねに値が y_0 であるような点列 $\{x_n\}$ がとれる．またグラフが山の頂きをたどるように 0 に近づく点列 $\{x_n\}$ をとると

$$\frac{1}{x_n}\sin\frac{1}{x_n} \longrightarrow \infty \quad (n \to \infty)$$

となる．

　これは，ワイエルシュトラスの定理の述べていることを，実数の中だけで見ていることになっている．

第29講

留　数

テーマ
- ◆ 留数
- ◆ 留数の複素積分による表示と，極限による表示
- ◆ 有限個の孤立点をもつ場合の留数定理
- ◆ 留数の計算例
- ◆ 実数の定積分への応用

$f(z)$ の孤立特異点を a とする．a を中心とする $f(z)$ のローラン展開

$$f(z) = \cdots + \frac{a_{-n}}{(z-a)^n} + \cdots + \frac{a_{-1}}{z-a} + a_0 \\ + a_1(z-a) + \cdots + a_n(z-a)^n + \cdots \qquad (1)$$

において，前講でも注意したように，$\dfrac{1}{z-a}$ の係数 a_{-1} が，f の積分——平均的な挙動——と深く結びついている．そこで，この a_{-1} に注目して次の定義をおく．

【定義】 a_{-1} を，孤立特異点 a における $f(z)$ の留数といい，$\mathrm{R}(a;f)$，または $\mathrm{Res}(a;f)$ と表わす．

注意 留数は英語で residue という．residue は英和辞典では'残余，残り'とかいてある．この術語は，関数論の創始者コーシーが用いてから慣用となった．

前講では，極の場合に示したが，一般の場合でも，図の円環部分で，ローラン展開は一様に収束することに注意すると，この円環部分にある円周 C に沿って，正の向きに一周して，(1) を積分することにより

$$\mathrm{R}(a;f) = \frac{1}{2\pi i}\int_C f(z)\,dz$$

が成り立つ (前講，(4)，(5) を参照)．

孤立特異点 a が f の 1 位の極のときには

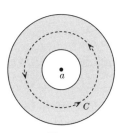

図 96

206 第29講 留　　数

$$R(a; f) = \lim_{z \to a} (z - a) f(z)$$

と表わされることは，すでに前講で注意してある．

この一般化として，次の結果が成り立つ．

孤立特異点 a が f の n 位の極のとき
$$R(a; f) = \frac{1}{(n-1)!} \lim_{z \to a} \frac{d^{n-1}}{dz^{n-1}} (z - a)^n f(z)$$

【証明】　仮定から，f は a を中心とするローラン展開によって

$$f(z) = \frac{a_{-n}}{(z-a)^n} + \cdots + \frac{a_{-1}}{z-a} + a_0 + a_1(z-a) + \cdots$$

と表わされる．したがって

$$(z-a)^n f(z) = a_{-n} + a_{-n+1}(z-a) + \cdots + a_{-1}(z-a)^{n-1}$$
$$+ a_0(z-a)^n + \cdots$$

となる．このベキ級数は，C の内部で一様に収束している．両辺を $(n-1)$ 回微分すると，ベキ級数は項別微分が可能だから

$$\frac{d^{n-1}}{dz^{n-1}} (z-a)^n f(z) = (n-1)!\, a_{-1} + n(n-1)\cdots 2 a_0(z-a) + \cdots$$

となる．したがって

$$\frac{1}{(n-1)!} \lim_{z \to a} \frac{d^{n-1}}{dz^{n-1}} (z-a)^n f(z) = a_{-1} = R(a;\ f)$$

が成り立つ．∎

一　般　化

これからは，簡単のため，関数 $f(z)$ は，複素平面の中の有限個の点

$$a_1, a_2, \ldots, a_s$$

を除いて定義されていて，正則であるとしよう．

このようなときにも，$a_1, a_2, \ldots, a_s$ は，$f(z)$ の孤立特異点であるという．おのおのの a_i の近くでは，a_i を除けば $f(z)$ は正則なのだから，いままでの議論を，a_i の近くで適用することができる．特に a_i の近くで（正確には $0 < \varepsilon_1 < |z - a_i| < \varepsilon_2$ のような範囲で）$f(z)$ はローラン展開によって表わすことができる．

特に，各 a_i に対して，留数 $\mathrm{R}(a_i;\,f)$ を考えることができる．

いま $a_1, a_2, \ldots, a_s$ の中の任意有限個，たとえば $a_1, a_2, \ldots, a_k$ を内部に含む単一閉曲線 C をとる．残りの $a_{k+1}, \ldots, a_s$ は C の外にある．この C を正の向きに一周して，$f(z)$ を積分してみよう．このとき次の結果が成り立つ．

$$\frac{1}{2\pi i}\int_C f(z)\,dz = \mathrm{R}(a_1;f) + \mathrm{R}(a_2;f) + \cdots + \mathrm{R}(a_k;f)$$

【証明】 いままでも，たびたび用いた論法であるが，図 97 で示したように，$a_1, a_2, \ldots, a_k$ のまわりに，正の向きにまわる小さな円周の道 $C_1, C_2, \ldots, C_k$ をとる．これらの道を C と線分でつなぐ．C から線分を伝わって C_1 へうつり，C_1 を負の向きに一周して再び C に戻る．このようにして道を順次つなげていくと，結局，図 97 の灰色の部分を囲む道ができる．

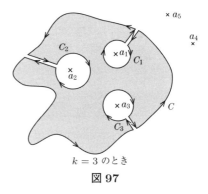

図 97

この部分では $f(z)$ は正則である．また往復した線分上の積分は打消し合う．したがってコーシーの積分定理によって

$$\frac{1}{2\pi i}\int_C f(z)\,dz - \frac{1}{2\pi i}\int_{C_1} f(z)\,dz - \cdots - \frac{1}{2\pi i}\int_{C_k} f(z)\,dz = 0$$

第 2 項以下を右辺に移項して

$$\frac{1}{2\pi i}\int_{C_i} f(z)\,dz = \mathrm{R}(a_i;f)$$

に注意すると，これは証明すべき結果となっている． ■

例

留数を用いて実際積分の値を求める例を 1 つあげておこう．関数

$$w = \frac{1}{z^4+1}$$

208   第 29 講   留   数

を考える．分母は

$$z^4 + 1 = (z - a_1)(z - a_2)(z - a_3)(z - a_4)$$

と因数分解される．

ここで

$$a_1 = \frac{1+i}{\sqrt{2}}, \quad a_2 = \frac{-1+i}{\sqrt{2}}, \quad a_3 = \frac{-1-i}{\sqrt{2}}, \quad a_4 = \frac{1-i}{\sqrt{2}}$$

である．これらは単位円周上で，円周を 4 等分するように並んでいる．

ついでに，簡単な計算もしておく．

$$a_1 - a_2 = \sqrt{2}, \quad a_1 - a_3 = \sqrt{2}(1+i), \quad a_1 - a_4 = \sqrt{2}i \tag{1}$$

$$a_2 - a_1 = -\sqrt{2}, \quad a_2 - a_3 = \sqrt{2}i, \quad a_2 - a_4 = -\sqrt{2}(1-i) \tag{2}$$

さて

$$\frac{1}{z^4 + 1} = \frac{1}{(z - a_1)(z - a_2)(z - a_3)(z - a_4)}$$

だから，$\frac{1}{z^4+1}$ は，a_1, a_2, a_3, a_4 を 1 位の極としてもっている．

$$\begin{aligned} \mathrm{R}\left(a_1; \frac{1}{z^4+1}\right) &= \lim_{z \to a_1}(z - a_1)\frac{1}{z^4+1} \\ &= \frac{1}{(a_1 - a_2)(a_1 - a_3)(a_1 - a_4)} \\ &= \frac{1}{2\sqrt{2}\, i(1+i)} \quad ((1) \text{ による}) \\ &= \frac{-1-i}{4\sqrt{2}} \end{aligned}$$

同様に (2) を用いて

$$\mathrm{R}\left(a_2; \frac{1}{z^4+1}\right) = \frac{1-i}{4\sqrt{2}}$$

いま，正数 r を 1 より大にとり，積分路 C として図に示すように，0 から出発して実軸に沿って r まで進み，次に，虚軸に平行に $r+ir$ まで進み，それから真直ぐ左へ $-r+ir$ まで進み，下がって $-r$ にきて，0 に戻るという，長方形の道をとる．

C の内部に含まれている特異点は a_1 と a_2 だけである．したがって

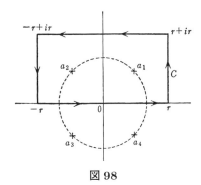

図 98

$$\frac{1}{2\pi i}\int_C \frac{1}{z^4+1}\,dz = \mathrm{R}\left(a_1;\frac{1}{z^4+1}\right)+\mathrm{R}\left(a_2;\frac{1}{z^4+1}\right)$$
$$=\frac{-1-i}{4\sqrt{2}}+\frac{1-i}{4\sqrt{2}}$$
$$=-\frac{\sqrt{2}}{4}i \tag{3}$$

定積分 $\displaystyle\int_{-\infty}^{\infty}\frac{1}{x^4+1}\,dx$

上の結果を用いて，実関数の定積分
$$\int_{-\infty}^{\infty}\frac{1}{x^4+1}\,dx$$
の値を求めることができる．図 99 のように積分路 C の頂点に $\mathrm{P}_1,\mathrm{P}_2,\mathrm{P}_3,\mathrm{P}_4$ と記号をつけると

$$\int_C \frac{1}{z^4+1}\,dz = \int_{\mathrm{P}_1}^{\mathrm{P}_2}+\int_{\mathrm{P}_2}^{\mathrm{P}_3}+\int_{\mathrm{P}_3}^{\mathrm{P}_4}+\int_{\mathrm{P}_4}^{\mathrm{P}_1} \tag{4}$$

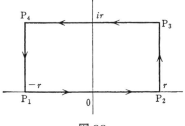

図 99

210　第29講　留　　数

ここで $r \to \infty$ のとき，右辺の第2項，第3項，第4項は0に近づくことを示そう．

(i) $\displaystyle\int_{P_2}^{P_3} \longrightarrow 0$

$\overline{P_2 P_3}$ 上で $|z| \geqq r$ だから

$$\left| \int_{P_2}^{P_3} \frac{1}{z^4+1}\,dz \right| \leqq \int_{P_2}^{P_3} \frac{d|z|}{|z|^4-1} \leqq \frac{1}{r^4-1}\int_0^r dy$$

$$= \frac{r}{r^4-1} \longrightarrow 0 \quad (r \to \infty)$$

(ii) $\displaystyle\int_{P_3}^{P_4} \longrightarrow 0$

$\overline{P_3 P_4}$ 上でも $|z| \geqq r$ だから

$$\left| \int_{P_3}^{P_4} \frac{1}{z^4+1}\,dz \right| \leqq \frac{1}{r^4-1}\int_{-r}^r dx = \frac{2r}{r^4-1} \longrightarrow 0 \quad (r \to \infty)$$

(iii) $\displaystyle\int_{P_4}^{P_1} \longrightarrow 0$

これは (i) の場合とまったく同様である．

(3) から，(4) 式の値は $r\ (>1)$ のとり方によらず，つねに

$$2\pi i \times \left(-\frac{\sqrt{2}}{4}i \right) = \frac{\pi}{\sqrt{2}}$$

に等しい．したがって (4) 式で $r \to \infty$ とすると，実軸上での積分を与える右辺の第1項だけ残って

$$\int_{-\infty}^{\infty} \frac{1}{x^4+1}\,dx = \frac{\pi}{\sqrt{2}}$$

が得られた．

　このように留数を用いると，実関数の定積分を比較的容易に求められる場合がある．上の例でも $\frac{1}{x^4+1}$ の不定積分を求めてから，定積分の計算へとうつったわけではなかった．実際，不定積分を具体的に求められない関数でも，留数を用いることによって，定積分を求められることが多い．歴史的にもコーシーが1820年代，最初に，複素関数の解析学——関数論——を導入した動機は，定積分の計算に留数を活用することにあった．

Tea Time

質問 定積分の計算に，複素数の上の解析学が役に立つことは，面白いと思いました．講義の中で，正方形の積分路をどんどん大きくしていくと，結局，実軸上の積分だけが残っていくことも，コーシーが，よくこういうことに気がついたものだと感心しました．ところで，微分・積分では，変数の数を増やして多変数の関数 $y = f(x_1, x_2, \ldots, x_n)$ も取り扱います．それでは，複素数でも多変数の関数 $w = f(z_1, z_2, \ldots, z_n)$ を考えてみたらどうでしょうか．それを調べると，実数の多変数の微積分の難しい計算を，ずっと見通しよく簡単にするということがあるのではないでしょうか．

答 多変数の複素変数の関数 $w = f(z_1, z_2, \ldots, z_n)$ を調べる大きな理論は存在している．それは多変数関数論とよばれており，20 世紀のはじめから本格的な研究がはじめられた．しかし，複素数の変数の数を増すと，そこには 1 変数の場合のアナロジーをたどるだけでは，予想もできず，理解にも苦しむような難しい事態が生じてきた．どの点が難しいかを説明することがすでに難しいのだが，1 変数の場合にここで述べてきた正則性という，見方によっては自然な，見方によっては奇妙な関数のもつ特性が，変数を増したとき，それぞれの変数に独立にその性質が付与され，それらがまた，多くの変数が一斉に自由に動き出すとき，複雑に相互に作用し合う，その状況が謎めいて，把握し難い点にある．この理論の育成には，岡潔先生の，一生をかけられた大きな貢献があった．

多変数の複素関数論は，実数の場合の多変数の微分・積分に有効に使われることがあるかという質問に対しては，現在のところ，そのようなことは比較的少ないようであるとしか，私は答えられない．

第 **30** 講

複 素 数 再 考

テーマ
◆ 複素数を，さらに拡張して新しい数の体系をつくり，そこでも四則演算が自由に行なえるようにできるか？
◆ この答は否定的である．
◆ 四元数について

複素数をさらに拡張できるか

　複素数を主題とした 30 講も，この講で終ることになった．この講義全体を流れる基調は，複素数は，'平面の数' ということであった．複素数は，単に四則演算が自由にできるというだけではなくて，それらの演算が，平面の中に埋めこまれている属性——回転，相似写像，平行移動——などを引き出して，平面のもつ連続性の中で総合され，数学に新しい舞台を提供したのであった．

　そうすると，誰でも考えるのは，それでは複素数の概念をさらに拡張して，'立体の数'，一般に 'n 次元の数' があるのではなかろうかということである．

　しかし，ふつうのように四則演算ができるような数の体系で，複素数を拡張して 'n 次元の数' ($n \geqq 3$) を構成することはできないのである．できないというのは，どんなに人工的な工夫を凝らしてもできないということである．

　そのことを概略だけ簡単に説明しておこう．

　複素数を拡張した 'n 次元の数' とは，もしあるとすれば

$$\lambda = a + bi + c_1 j_1 + c_2 j_2 + \cdots + c_{n-2} j_{n-2} \tag{1}$$

と一意的に表わされる数のことである．ここで，$a, b, c_1, c_2, \ldots, c_{n-2}$ は実数で，i は虚数単位，$j_1, j_2, \ldots, j_{n-2}$ は '新しい数' の単位である．

　複素数 $a + bi$ を，実数の対（つい）(a, b) と表わしたハミルトン流の考えにならえば（第 3 講参照），上の数は $(a, b, c_1, c_2, \ldots, c_{n-2})$ と n 個の実数の組からなると考えら

れる.

もちろん, この新しい数の体系に, 四則演算が自由にできると仮定しているのだから, たとえば, $i^2 = -1$ のように j_k と j_l をかけたものが, どのようになるかは, 指定されている. たとえば, $j_k j_l = -2i + j_1$ のように決められている. このように, $i, j_1, \ldots, j_{n-2}$ の間のかけ算の規則が決められて, さらに

$$1 \cdot j_k = j_k \cdot 1 = j_k, \quad i j_k = j_k i, \quad j_k j_l = j_l j_k$$

としておくと, λ と, この新しい数の体系の中にある別の数

$$\mu = a' + b'i + c_1'j_1 + \cdots + c_{n-2}'j_{n-2}$$

との, 四則演算は, 分配則を使って自由にできることになる. 特に $\lambda\mu = \mu\lambda$ である. 割り算については, $\lambda \neq 0$ ならば, $\lambda\mu = 1$ となる μ が存在すると仮定して, $\mu = \dfrac{1}{\lambda}$ とするのである. (計算規則をとり出してかかないが, ふつうのような演算はすべてできると仮定しているのである!)

さて, (1) で表わされる λ が与えられたとき, $\lambda, \lambda^2, \ldots, \lambda^n$ を考える. これらのそれぞれは

$$\lambda = a + bi + c_1 j_1 + \cdots + c_{n-2} j_{n-2}$$
$$\lambda^2 = a^{(2)} + b^{(2)}i + c_1{}^{(2)}j_1 + \cdots + c_{n-2}{}^{(2)}j_{n-2}$$
$$\cdots\cdots\cdots$$
$$\lambda^n = a^{(n)} + b^{(n)}i + c_1{}^{(n)}j_1 + \cdots + c_{n-2}{}^{(n)}j_{n-2}$$

と表わされる. これらの式から $i, j_1, \ldots, j_{n-2}$ を, ふつうの方法で消去すると (たとえば $c_1 \neq 0$ とすると, 第1式を j_1 について解くことができる. これを第2式以下に代入すると, j_1 を含まない $n-1$ 個の式が得られる), 結局

$$a_0 + a_1\lambda + a_2\lambda^2 + \cdots + a_n\lambda^n = 0 \quad (a_i : 実数) \tag{2}$$

という形の関係式を導くことができる. すなわち, λ は実係数の方程式の解となる. いま係数の範囲を複素数にまで広げてみて, そこで λ のみたす最低次数の複素係数の方程式は k 次であったとして, それを

$$\alpha_0 + \alpha_1\lambda + \alpha_2\lambda^2 + \cdots + \alpha_k\lambda^k = 0 \quad (\alpha_k \neq 0) \tag{3}$$

としよう. (2) が成り立つのだから $k \leqq n$ である.

そこで複素数 α を

$$\alpha_0 + \alpha_1 z + \alpha_2 z^2 + \cdots + \alpha_k z^k = 0 \tag{4}$$

214   第 30 講 複 素 数 再 考

をみたすようにとる. すなわち複素係数の方程式 (4) の解を 1 つとり, それを α とするのである (代数学の基本定理!).

よく知られた因数分解の公式

$$\lambda^l - z^l = (\lambda - z)\,(\lambda^{l-1} + \lambda^{l-2}z + \cdots + z^{l-1}),\quad l = 1, 2, \ldots, k$$

は, いまの場合もそのまま成り立つ (右辺を分配則に従って展開してみるとよい. ここで乗法の可換性を用いている). したがって (3) 式から $z = \alpha$ とおいた (4) 式を引いて, λ について整頓すると

$$(\lambda - \alpha)\,(\alpha_k \lambda^{k-1} + \gamma_2 \lambda^{k-2} + \cdots + \gamma_{k-1}) = 0$$

ここで $\gamma_2, \ldots, \gamma_{k-1}$ は α を含む式であるが, 複素数である. k のとり方から

$$\alpha_k \lambda^{k-1} + \gamma_2 \lambda^{k-2} + \cdots + \gamma_{k-1} \neq 0$$

である. したがって

$$\lambda = \alpha \tag{5}$$

が得られた (ここで暗黙のうちに, ふつうの演算規則が成り立つという仮定 ($\lambda\lambda' = 0$ ならば, どちらか一方は 0) を用いている. このことは, $\lambda \neq 0$ ならば λ は逆数をもつということによっている).

(5) は, 期待していた 'n 次元の数' λ は, 実は複素数にすぎなかったことを示している. (1) のように表わしてみても, 結局は, 四則演算がふつうのようにできると仮定してしまうと, $c_1 = c_2 = \cdots = c_{n-2} = 0$ となってしまうのである.

この証明を見てもわかるように, ここで強力に働いたのは, 複素数では, 代数学の基本定理が成り立つという事実であった.

四 元 数

読者の中には, 'しかし四元数というものがあることを聞いたことがある' といわれる人がいるかもしれない. 四元数は, 確かに複素数の拡張で, いわば '4 次元の数' であるが, ここでは乗法の可換則が成り立たない.

四元数は

$$\lambda = a + bi + cj + dk \quad (a, b, c, d \in \boldsymbol{R})$$

と表わされる数である. 単位 i, j, k の乗法については

$$i^2 = j^2 = k^2 = -1$$

$$ij = -ji = k$$
$$jk = -kj = i$$
$$ki = -ik = j$$

いう規則をおく．四元数の中で，$c = d = 0$ をみたすものが，ちょうど複素数と
なっている．

λ に対して

$$\bar{\lambda} = a - bi - cj - dk$$

とおくと，

$$\lambda\bar{\lambda} = a^2 + b^2 + c^2 + d^2$$

となる．$\lambda \neq 0$ のとき，$\frac{1}{\lambda}$ は存在して

$$\frac{1}{\lambda} = \frac{a - bi - cj - dk}{a^2 + b^2 + c^2 + d^2}$$

となる．したがって，四元数の中では，非可換ではあるが，除法ができることに
なる．すなわち，$\lambda \, (\neq 0)$ と κ が与えられたとき，

$$\lambda\mu = \kappa$$

をみたす μ は

$$\mu = \frac{1}{\lambda} \cdot \kappa$$

で与えられる．

それでは，と再び質問されるかもしれない：四元数のように乗法の可換性という
条件をおかないならば，四元数以外にも，複素数を拡張した上のような数の体系
はあるのではないか？　ところが，上のように除法ができ，かつ実数をスカラー
のように乗ずることのできる数の体系 (正確には実数体上の多元体) は，実数と複
素数と四元数しかないのである．

そのことを知ってみると，複素数と四元数を発見したことは，ただ 2 つしかな
い鉱脈を探し当てたようなもので，数学史上，実に大きな発見であったと思われ
てくる．

Tea Time

質問 この 30 講を読むまでは,僕は微分・積分しか知りませんでした.このところ,複素数のことしか勉強しなかったせいか,いまは,数直線は複素平面の中の実軸としか見えなくなってきました.数学は,実数から複素数へと数の世界を広げたわけですから,実数の微分・積分は過渡的なものであったとして,これからは複素数の上の解析学だけを勉強すればよいのでしょうか.

答 質問の意味しているものは,深い内容を含んでいるように思う.たとえば,有理数しか知らなかった人が,2 乗に比例する関係式 $y = 3x^2$ を,有理数の中だけでしか考えていなかったとしても,一度実数を知れば,実数の中で $y = 3x^2$ を考える方が,ずっと考えやすくなるだろう.このとき,有理数の中だけ考えていたのは,むしろ狭すぎて,'過渡的' なものだったといういい方ができるかもしれない.

ところでいまは,実数を一部分に含む複素数という沃野が広がったのだから,すべてを複素数の中で考えた方が,ずっと見通しがよくなるだろうと思うのは,もっともなことである.

しかし,解析学に限っていうならば,それは正しくない.その本質的な理由は,解析学の中の最も基本的な定義である,微分の定義が,数直線をそれ自身として見るか,あるいは複素平面の中の実軸として見るかによって,本質的に違うからである.講義の中でも繰り返し述べたように,実数の場合の微分は,数直線の左右から近づく模様が問題となるのであるが,複素数の中で考えると,平面のすべての方向から近づく近づき方が問題となる.

実数の微積分の中に現われる関数で,複素数の中で考えられるのは,テイラー展開できるような関数だけである.大体,正則関数は,1 回微分できれば何回でも微分できるという性質をもっていたのだから,微積分の中に現われる,1 回きりしか微分できない関数などは,複素数の中で考えることができないのである.

2 台の自動車が,あるところまで並んで走っていても,どちらか一方の車が,アクセルを強く踏めば,車間距離はどんどん大きくなってくるだろう.2 台の車の運行を表わす関数は,もちろん微分の対象となる関数であるが,この場合,一致の定理は成り立たない.したがって正則性の立場から,このようなごくありふ

れた現象も理解することはできないのである.

　複素平面を沃野にたとえれば，実軸は沃野を横切る一本の道のようなものである．この道の上を，人も歩けば，車も通る．さまざまな乗物が，追い越したり，追い抜かれたり，時には止まったりしている．しかし，これらの人も乗物も，沃野の方へ入っていくことができない．沃野の上を自由に動いているのは，この道を少しも意に介さずに，水のように沃野に広がる‘正則性’という性質をもつ関数だけである.

　このような状況を想定してみると，微分・積分の研究対象のほとんどは，複素数の解析学に吸収されないということがわかってもらえるのではないだろうか．しかし，一方では微分・積分に現われる関数を多項式や三角関数など具体的な関数で近似して調べようとすると，これらの関数は正則性をもっている．ここに実解析と複素解析の深いからみ合いが生じてくるのである.

　複素解析の世界は深い．実解析の世界は広く多様である．このどちらに重点をおいて学ぶかは，数学者でもさまざまであって，数学者の個性がここには強く反映しているようである.

索　引

ア　行

1 次関数　48
1 次分数関数　48
一致の定理　182
ε-近傍　81

円々対応の原理　50, 64
円の方程式　53

オイラー　6
　　——の関係式　24
　　——の公式　125, 187

カ　行

解 ($z^n = 1$ の)　44
開集合　81
解析接続　187
ガウス平面　20
カルダーノの公式　4
関数　80
関数論　210

共役複素数　16
極　197
　　1 位の——　200
　　n 位の——　199, 206
虚軸　12, 21
虚数　2
虚数部分　14

高階導関数　168
高階微分　118
コーシー　210
　　——の積分公式　160
　　——の積分定理　147
コーシー・アダマールの定理　114
コーシー・リーマンの関係式　92
弧度　23
孤立特異点　190, 206

サ　行

最大値の原理　177
三角関数　185
　　——の加法定理　186
3 次方程式の一般解　4

指数関数　122
　　——による対応　126
指数法則　124
実軸　12, 21
実数部分　14
写像　80
　　$z \to z^2$ の——　45
収束円　111
収束半径　111, 112
純虚数　16
除去可能な特異点　193
ジョルダン曲線　133
真性特異点　200

整式　103

220　索　　　引

正則関数　97
　　——の和と積　103
正則でない関数　106
積分
　　z^n の——　156
　　閉曲線に沿う——　142
　　道に沿う——　134
積分公式と微分　167
積分路の細分　141
絶対収束　112
絶対値　28
$z^n = 1$ の解　44
全微分可能　89

タ　行

代数学の基本定理　73, 179
対数関数　113, 129, 157
　　——の多価性　188
単位円　42, 67
単位円周　42
単一閉曲線　133

直線の式　52

定義域　81
定積分の計算　209
テイラー展開　118, 172
デカルトの数直線　7

等角写像　100

ナ　行

2曲線のなす角　100

ハ　行

反転　68

非可換　215

微分可能 (実数値関数のとき)　87, 88
微分可能 (複素数値関数のとき)　89

複素数　12, 14
　　——の加法の図示　21
　　——の極形式による表示　28
　　——の減法の図示　22
　　——の四則演算　14
　　——の乗法　29
　　——の乗法の図示　30
　　——の除法　32
　　——の同等　14
　　——のハミルトンによる導入法　18
　　——のベクトル表示　21
　　一直線上にある——　35
　　単位円周上の——　43
　　同一円周上にある——　38
複素積分　134
複素平面　12, 20

ベキ級数　109, 113
　　——の一意性　118
偏角　28

マ　行

道　81, 133
　　——のつなぎ　140
　　逆向きの——　140
　　正則な——　182

無限遠点　58
無限多価性　130

ヤ　行

有理式　103

四元数　214

ラ 行

立体射影　58
リーマン球面　58
リーマンの定理　195
リューヴィユの定理　178
留数　205
領域　81

連続　83
連続関数　82

ローラン展開　192

ワ 行

ワイエルシュトラスの定理　202

著者略歴

志賀 浩二

1930 年　新潟県に生まれる
1955 年　東京大学大学院数物系数学科修士課程修了
　　　　東京工業大学理学部教授，桐蔭横浜大学工学部教授などを歴任
　　　　東京工業大学名誉教授，理学博士
2024 年　逝去
受　賞　第 1 回日本数学会出版賞
著　書　「数学 30 講シリーズ」(全 10 巻，朝倉書店)，
　　　　「数学が生まれる物語」(全 6 巻，岩波書店)，
　　　　「中高一貫数学コース」(全 11 巻，岩波書店)，
　　　　「大人のための数学」(全 7 巻，紀伊國屋書店) など多数

数学 30 講シリーズ 6
新装改版　複素数 30 講　　　　　　　　定価はカバーに表示

1989 年 4 月 10 日　初　版第 1 刷
2021 年 8 月 25 日　　　　第 24 刷
2024 年 9 月 1 日　新装改版第 1 刷

著 者　志　賀　浩　二

発行者　朝　倉　誠　造

発行所　株式会社　朝　倉　書　店

東京都新宿区新小川町6-29
郵 便 番 号　　162-8707
電　　話　03(3260)0141
Ｆ Ａ Ｘ　03(3260)0180
https://www.asakura.co.jp

〈検印省略〉

© 2024 〈無断複写・転載を禁ず〉　　　　中央印刷・渡辺製本

ISBN 978-4-254-11886-5 C3341　　　　Printed in Japan

JCOPY 〈出版者著作権管理機構 委託出版物〉

本書の無断複写は著作権法上での例外を除き禁じられています．複写される場合は，
そのつど事前に，出版者著作権管理機構 (電話 03-5244-5088, FAX 03-5244-5089,
e-mail: info@jcopy.or.jp) の許諾を得てください．

集合・位相・測度

志賀 浩二 (著)

A5 判／256 頁　978-4-254-11110-1　C3041　定価 5,500 円（本体 5,000 円＋税）

集合・位相・測度は，数学を学ぶ上でどうしても越えなければならない 3 つの大きな峠ともいえる。カントルの独創で生まれた集合論から無限概念を取り入れたルベーグ積分論までを，演習問題とその全解答も含めて解説した珠玉の名著。

数学の流れ 30 講 （上）—16 世紀まで—

志賀 浩二 (著)

A5 判／208 頁　978-4-254-11746-2　C3341　定価 3,190 円（本体 2,900 円＋税）

数学とはいったいどんな学問なのか，それはどのようにして育ってきたのか，その時代背景を考察しながら珠玉の文章で読者と共に旅する。〔内容〕水源は不明でも／エジプトの数学／アラビアの目覚め／中世イタリア都市の繁栄／大航海時代／他。

数学の流れ 30 講 （中）—17 世紀から 19 世紀まで—

志賀 浩二 (著)

A5 判／240 頁　978-4-254-11747-9　C3341　定価 3,740 円（本体 3,400 円＋税）

微積分はまったく新しい数学の世界を生んだ。本書は巨人ニュートン，ライプニッツ以降の 200 年間の大河の流れを旅する。〔内容〕ネピアと対数／微積分の誕生／オイラーの数学／フーリエとコーシーの関数／アーベル，ガロアからリーマンへ

数学の流れ 30 講 （下）—20 世紀数学の広がり—

志賀 浩二 (著)

A5 判／232 頁　978-4-254-11748-6　C3341　定価 3,520 円（本体 3,200 円＋税）

20 世紀数学の大変貌を示す読者必読の書。〔内容〕20 世紀数学の源泉（ヒルベルト，カントル，他）／新しい波（ハウスドルフ，他）／ユダヤ数学（ハンガリー，ポーランド）／ワイル／ノイマン／ブルバキ／トポロジーの登場／抽象数学の総合化

アティヤ科学・数学論集 数学とは何か

志賀 浩二 (編訳)

A5 判／200 頁　978-4-254-10247-5　C3040　定価 2,750 円（本体 2,500 円＋税）

20 世紀を代表する数学者マイケル・アティヤのエッセイ・講演録を独自に編訳した世界初の試み。数学と物理的実在／科学者の責任／20 世紀後半の数学などを題材に，深く・やさしく読者に語りかける。アティヤによる書き下ろし序文付き。

はじめからの数学1 数について （普及版）

志賀 浩二 (著)

B5 判／152 頁　978-4-254-11535-2 C3341　定価 3,190 円（本体 2,900 円＋税）

数学をもう一度初めから学ぶとき"数"の理解が一番重要である。本書は自然数，整数，分数，小数さらには実数までを述べ，楽しく読み進むうちに十分深い理解が得られるように配慮した数学再生の一歩となる話題の書。【各巻本文二色刷】

はじめからの数学2 式について （普及版）

志賀 浩二 (著)

B5 判／200 頁　978-4-254-11536-9 C3341　定価 3,190 円（本体 2,900 円＋税）

点を示す等式から，範囲を示す不等式へ，そして関数の世界へ導く「式」の世界を展開。〔内容〕文字と式／二項定理／数学的帰納法／恒等式と方程式／2 次方程式／多項式と方程式／連立方程式／不等式／数列と級数／式の世界から関数の世界へ。

はじめからの数学3 関数について （普及版）

志賀 浩二 (著)

B5 判／192 頁　978-4-254-11537-6 C3341　定価 3,190 円（本体 2,900 円＋税）

'動き'を表すためには，関数が必要となった。関数の導入から，さまざまな関数の意味とつながりを解説。〔内容〕式と関数／グラフと関数／実数，変数，関数／連続関数／指数関数，対数関数／微分の考え／微分の計算／積分の考え／積分と微分

朝倉 数学辞典

川又 雄二郎・坪井 俊・楠岡 成雄・新井 仁之 (編)

B5 判／776 頁　978-4-254-11125-5 C3541　定価 19,800 円（本体 18,000 円＋税）

大学学部学生から大学院生を対象に，調べたい項目を読めば理解できるよう配慮したわかりやすい中項目の数学辞典。高校程度の事柄から専門分野の内容までの数学諸分野から327項目を厳選して五十音順に配列し，各項目は2〜3ページ程度の，読み切れる量でページ単位にまとめ，可能な限り平易に解説する。〔内容〕集合，位相，論理／代数／整数論／代数幾何／微分幾何／位相幾何／解析／特殊関数／複素解析／関数解析／微分方程式／確率論／応用数理／他。

プリンストン 数学大全

砂田 利一・石井 仁司・平田 典子・二木 昭人・森 真 (監訳)

B5 判／1192 頁　978-4-254-11143-9 C3041　定価 19,800 円（本体 18,000 円＋税）

「数学とは何か」「数学の起源とは」から現代数学の全体像，数学と他分野との連関までをカバーする，初学者でもアクセスしやすい総合事典。プリンストン大学出版局刊行の大著「The Princeton Companion to Mathematics」の全訳。ティモシー・ガワーズ，テレンス・タオ，マイケル・アティヤほか多数のフィールズ賞受賞者を含む一流の数学者・数学史家がやさしく読みやすいスタイルで数学の諸相を紹介する。「ピタゴラス」「ゲーデル」など96人の数学者の評伝付き。

上記価格は 2024 年 7 月現在

【新装改版】
数学30講シリーズ
(全10巻)

志賀浩二 [著]

柔らかい語り口と問答形式のコラムで数学のたのしみを感得できる卓越した数学入門書シリーズ．読み継がれるロングセラーを次の世代へつなぐ新装改版・全10巻！

1. 微分・積分30講 208頁（978-4-254-11881-0）
2. 線形代数30講 216頁（978-4-254-11882-7）
3. 集合への30講 196頁（978-4-254-11883-4）
4. 位相への30講 228頁（978-4-254-11884-1）
5. 解析入門30講 260頁（978-4-254-11885-8）
6. 複素数30講 232頁（978-4-254-11886-5）
7. ベクトル解析30講 244頁（978-4-254-11887-2）
8. 群論への30講 244頁（978-4-254-11888-9）
9. ルベーグ積分30講 256頁（978-4-254-11889-6）
10. 固有値問題30講 260頁（978-4-254-11890-2）